もく[illegible]

取り外してお使いください 赤シート+直前チェックBOOK,別冊解答

※全国の定期テストの標準的な出題範囲を示しています。学校の学習進度とあわない場合は,「あなたの学校の出題範囲」欄に出題範囲を書きこんでお使いください。

Step 1 基本チェック　1節 多項式の計算

15分

教科書のたしかめ　[ ]に入るものを答えよう！

❶ 多項式と単項式の乗除

▶ 教 p.12-13　Step 2 ❶

解答欄

□(1) $3x(x+2y)=3x\times[\ x\ ]+3x\times[\ 2y\ ]=[\ 3x^2+6xy\ ]$　(1)

□(2) $(5a-3b)\times(-7b)=[\ -35ab+21b^2\ ]$　(2)

□(3) $(4x^2y-3xy^2)\div x=(4x^2y-3xy^2)\times\dfrac{1}{x}=\dfrac{4x^2y}{[\ x\ ]}-\dfrac{3xy^2}{[\ x\ ]}$　(3)

$=[\ 4xy-3y^2\ ]$

□(4) $2a(a+5)-3a(4-3a)=[\ 2a^2+10a-12a+9a^2\ ]$　(4)

$=[\ 11a^2-2a\ ]$

❷ 多項式の乗法

▶ 教 p.14-15　Step 2 ❷

□(5) $(a+1)(b-2)=[\ ab-2a+b-2\ ]$　(5)

□(6) $(x+3)(2x-4)=[\ 2x^2-4x+6x-12\ ]$　(6)

$=[\ 2x^2+2x-12\ ]$

❸ 乗法公式

▶ 教 p.16-21　Step 2 ❸-❼

□(7) $(x+1)(x+2)=x^2+([\ 1+2\ ])x+1\times2=[\ x^2+3x+2\ ]$　(7)

□(8) $(x+4)^2=x^2+2\times[\ 4\ ]\times x+4^2=[\ x^2+8x+16\ ]$　(8)

□(9) $(a-9)^2=a^2-2\times[\ 9\ ]\times a+9^2=[\ a^2-18a+81\ ]$　(9)

□(10) $(y+8)(y-8)=[\ y^2\ ]-[\ 8^2\ ]=[\ y^2-64\ ]$　(10)

□(11) $(x+y-6)(x+y+6)$ を展開しなさい。$x+y=A$ とおくと　(11)

$(x+y-6)(x+y+6)=[\ (A-6)(A+6)\ ]=[\ A^2-36\ ]$

$=(x+y)^2-36=[\ x^2+2xy+y^2-36\ ]$

教科書のまとめ　＿に入るものを答えよう！

□単項式や多項式の積の形の式を，かっこをはずして単項式の和の形に表すことを，はじめの式を 展開する という。

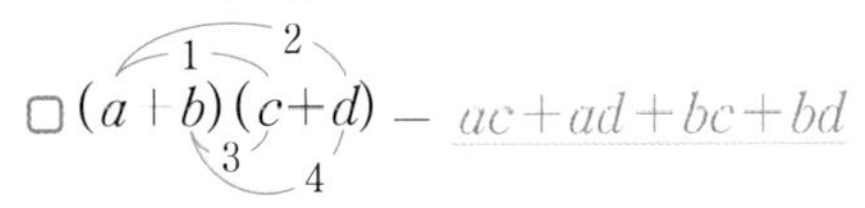

□ $(a+b)(c+d)=ac+ad+bc+bd$

□乗法公式1　$(x+a)(x+b)=x^2+(a+b)x+ab$ …$x+a$ と $x+b$ の積

□乗法公式2　$(x+a)^2=x^2+2ax+a^2$ …和の平方

□乗法公式3　$(x-a)^2=x^2-2ax+a^2$ …差の平方

□乗法公式4　$(x+a)(x-a)=x^2-a^2$ …和と差の積

Step 2 予想問題 1節 多項式の計算

1ページ 30分

【多項式と単項式の乗除】

❶ 次の計算をしなさい。

□(1) $5x(3x-6y)$　□(2) $-8a(6a-2b)$

□(3) $(4x^2y-xy)\div x$　□(4) $(9xy-6y^2)\div\frac{3}{4}y$

□(5) $2x(x+6)+5x(3x+2)$　□(6) $7a(2a-3)-2a(5a-4)$

【多項式の乗法】

❷ 次の式を展開しなさい。

□(1) $(x-8)(y+3)$　□(2) $(2x+5)(3x-1)$

□(3) $(7a+b)(a-4b)$　□(4) $(a-2)(3a-5b+2)$

【乗法公式①】

❸ 次の式を展開しなさい。

□(1) $(x+1)(x+4)$　□(2) $(x+6)(x-5)$

□(3) $(a-3)(a-2)$　□(4) $\left(y-\frac{3}{4}\right)\left(y+\frac{1}{4}\right)$

ヒント

❶
分配法則を使う。
$a(b+c)=ab+ac$
(3)かっこの中の各項を x でわっていく。
(4)$\frac{3}{4}y$ の逆数をかける。
(5)(6)かっこをはずしてから，同類項をまとめる。

❷
$(a+b)(c+d)$
$=ac+ad+bc+bd$
(4)$3a-5b+2$ をひとまとまりにみて展開する。

❸
次の乗法公式1を使う。
$(x+a)(x+b)$
$=x^2+(a+b)x+ab$

【乗法公式②】

よく出る

4 次の式を展開しなさい。

□(1) $(x+2)^2$　　□(2) $(x-6)^2$

□(3) $(a+5)^2$　　□(4) $\left(x-\dfrac{3}{4}\right)^2$

【乗法公式③】

よく出る

5 次の式を展開しなさい。

□(1) $(x+y)(x-y)$　　□(2) $(x+6)(x-6)$

□(3) $\left(x+\dfrac{1}{2}\right)\left(x-\dfrac{1}{2}\right)$

□(4) $(7-x)(x+7)$

【乗法公式④】

6 次の式を展開しなさい。

□(1) $(2x+5)(2x+2)$　　□(2) $(6x+1)^2$

□(3) $(x-2y)^2$　　□(4) $(3a+4b)(3a-4b)$

□(5) $(a-b-6)(a-b+6)$　　□(6) $(x-y+5)^2$

【乗法公式⑤】

7 次の計算をしなさい。

□(1) $(x+3)^2+(x-1)(x+4)$　　□(2) $2(x+2)(x-1)-(x-3)(x+5)$

ヒント

4
次の乗法公式2，3を使う。
$(x+a)^2=x^2+2ax+a^2$
$(x-a)^2=x^2-2ax+a^2$

5
次の乗法公式4を使う。
$(x+a)(x-a)=x^2-a^2$
(4) $(7-x)(x+7)$
$=(7-x)(7+x)$

ミスに注意
符号に注意しよう。
(同符号の項)^2
−(異符号の項)^2
とおぼえるといい。

6
(1) $2x$ を1つの文字とみて，乗法公式1を利用する。
(5) $a-b$ を1つの文字におきかえると，乗法公式4を使って展開できる。
(6) $x-y$ を1つの文字におきかえて，展開する。

7
乗法公式を使って展開し，同類項をまとめる。

[解答▶p.1]

Step 1 基本チェック　2節 因数分解　3節 式の計算の利用

15分

教科書のたしかめ　[　]に入るものを答えよう！

2節 ❶ 因数分解　▶ 教 p.24-25　Step 2 ❶

解答欄

次の式を因数分解しなさい。

□(1) $2xy-4x=$[$2x$]$(y-2)$　(1)

□(2) $15x^2y-10xy^2-5xy=$[$5xy$]([$3x-2y-1$])　(2)

2節 ❷ 公式を利用する因数分解　▶ 教 p.26-29　Step 2 ❷-❹

次の式を因数分解しなさい。

□(3) $a^2-3a-40=$[$(a+5)(a-8)$]　(3)

□(4) $x^2+12x+36=$[$(x+6)^2$]　(4)

□(5) $x^2-18x+81=$[$(x-9)^2$]　(5)

□(6) $y^2-64=$[$(y+8)(y-8)$]　(6)

□(7) $x^2-4xy+4y^2=$[$(x-2y)^2$]　(7)

□(8) $3a^2-12b^2=3($[a^2-4b^2]$)$　(8)

$=3$[$(a+2b)(a-2b)$]

□(9) $(x+y)^2-8(x+y)+15$ を因数分解しなさい。$x+y=A$ とおくと　(9)

$(x+y)^2-8(x+y)+15=A^2-8A+15=$[$(A-3)(A-5)$]

$=$[$(x+y-3)(x+y-5)$]

3節 ❶ 式の計算の利用　▶ 教 p.33-35　Step 2 ❺-❽

□(10) $27\times33=(30-3)\times(30+3)=$[30^2-3^2]$=$[891]　(10)

□(11) $49^2=($[$50-1$]$)^2=50^2-2\times1\times50+1^2$　(11)

$=$[2401]

□(12) $65^2-35^2=($[$65+35$]$)\times($[$65-35$]$)=100\times30$　(12)

$=$[3000]

教科書のまとめ　＿に入るものを答えよう！

□ $(x+2)(x+5)=x^2+7x+10$　このとき，$x+2$ と $x+5$ を $x^2+7x+10$ の 因数 という。

□ 多項式をいくつかの因数の積として表すことを，その多項式を 因数分解する という。

□ 因数分解の公式1′　$x^2+(a+b)x+ab=$ $(x+a)(x+b)$

□ 因数分解の公式2′　$x^2+2ax+a^2=$ $(x+a)^2$

□ 因数分解の公式3′　$x^2-2ax+a^2=$ $(x-a)^2$

□ 因数分解の公式4′　$x^2-a^2=$ $(x+a)(x-a)$

Step 2 予想問題　2節 因数分解　3節 式の計算の利用

1ページ 30分

【因数分解】

1 次の式を因数分解しなさい。

□(1) $6ax+6a$　　□(2) $2xy-x$

□(3) $8a^2b-4ab^2$　　□(4) $25x^2y-10xy^2+5xy$

【公式を利用する因数分解①】

よく出る

2 次の式を因数分解しなさい。

□(1) x^2+6x+8　　□(2) $x^2-10x+21$

□(3) a^2-a-20　　□(4) a^2-a-56

□(5) $y^2+7y-18$　　□(6) x^2-3x+2

【公式を利用する因数分解②】

よく出る

3 次の式を因数分解しなさい。

□(1) $x^2+16x+64$　　□(2) x^2-9

□(3) $x^2-24x+144$　　□(4) $25-x^2$

□(5) $x^2-\frac{49}{36}$　　□(6) $x^2+x+\frac{1}{4}$

ヒント

1

共通な因数をかっこの外にくくり出して，因数分解する。

ミスに注意

かっこの中の式に共通な因数が，残っていないように，できるかぎり因数分解しよう。

2

因数分解の公式1′を使う。

テスト得ダネ

和が○，積が△となる2つの数を見つけるとき，積が△となる数を先に考えるようにしよう。

(1)和が6，積が8になる2つの数を見つける。

3

因数分解の公式2′，3′，4′を使う。

式の形からどの公式を使えばよいか考える。

(5) $\frac{49}{36}=\left(\frac{7}{6}\right)^2$

(6) $\frac{1}{4}=\left(\frac{1}{2}\right)^2$

[解答▶p.2]

【公式を利用する因数分解③】

4 次の式を因数分解しなさい。

□(1) $4y^2+8y+4$　□(2) $3x^2y-24xy+45y$

□(3) $2ab^2+6ab-20a$　□(4) $9a^2-25b^2$

□(5) $25x^2-10x+1$　□(6) $(x+y)^2+2(x+y)-15$

□(7) $(a+3)^2-8(a+3)+16$　□(8) $(3b-1)^2-(b+2)^2$

ヒント

4
(1)～(3)まず，共通な因数をくくり出し，次に公式を使ってかっこの中を因数分解する。
(6)～(8) 1つの文字におきかえて考える。

【式の計算の利用①】

5 次の式を，くふうして計算しなさい。

□(1) 28×32　□(2) 51^2

□(3) 295^2　□(4) 26^2-24^2

5
乗法公式や因数分解の公式を使うと，簡単に計算できる。

【式の計算の利用②】

6 $x=37$，$y=17$ のとき，$x^2-2xy+y^2$ の値を求めなさい。
□

6
因数分解を使って，値を求める式を変形しておく。

【式の計算の利用③】

7 1辺が 100 cm の正方形があります。この正方形より1辺が x cm 長い正方形と，1辺が x cm 短い正方形との面積の差を x の式で表しなさい。
□

7
正方形の1辺の長さは $(100+x)$ cm と $(100-x)$ cm である。

【式の計算の利用④】

8 3つの続いた整数の真ん中の数を2乗して1をひくと，両端の数の積と等しくなることを証明しなさい。
□

8
真ん中の数を n とすると，3つの続いた整数は
$n-1$，n，$n+1$
と表される。

［解答▶p.3］

Step 3 予想テスト　1章 多項式

30分

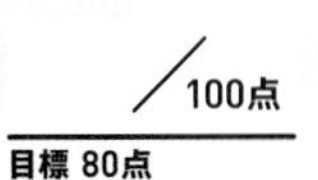
/100点
目標 80点

❶ 次の計算をしなさい。知　12点(各3点)

□(1) $2x(4x+10)$

□(2) $-x(2x+3)$

□(3) $(12a^2b-6ab^2)\div3ab$

□(4) $3a(a+4)-4a(2a+1)$

❷ 次の式を展開しなさい。知　27点(各3点)

□(1) $(a+2)(b-7)$

□(2) $(x-8)(x+3)$

□(3) $(x-9)^2$

□(4) $(a+4)(a-4)$

□(5) $\left(b+\dfrac{1}{2}\right)^2$

□(6) $(y-z)(y+9z)$

□(7) $(3x-5y)^2$

□(8) $(5x-2)(3x+4y-6)$

□(9) $(a-b-3)(a-b+3)$

❸ 次の計算をしなさい。知　6点(各3点)

□(1) $(a-4)^2+(a+2)(a-3)$

□(2) $(2x-5)(2x+5)-(x+1)^2$

❹ 次の式を因数分解しなさい。知　18点(各3点)

□(1) $8xy-4y$

□(2) $a^2+8a+15$

□(3) $x^2-16x+64$

□(4) $16x^2-9y^2$

□(5) $x^2-11x+24$

□(6) $4xy^2-12xy-40x$

❺ 次の式を因数分解しなさい。知　9点(各3点)

□(1) $(a+3)^2-15(a+3)+56$

□(2) $(x-5)^2-8(x-5)+16$

□(3) $4x(x+2)+(x+2)^2$

❻ 次の式を，くふうして計算しなさい。知　9点(各3点)

□(1) 96×104

□(2) 43^2-37^2

□(3) 102^2

❼ □ 3つの続いた整数では，小さいほうの2つの数の積と大きいほうの2つの数の積の和は，真ん中の数の平方の2倍になります。このことを証明しなさい。考

7点

❽ 右の図のように，1辺が x m の正方形の畑の周囲に，幅 a m の道があります。考

12点(各6点)

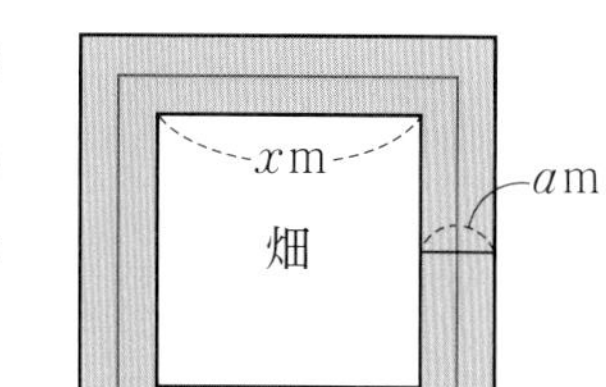

□(1) この道の真ん中を通る線の長さを ℓ m とするとき，ℓ の長さを x と a を使った式で表しなさい。

□(2) この道の面積を S m^2 とするとき，$S=a\ell$ となります。このことを証明しなさい。

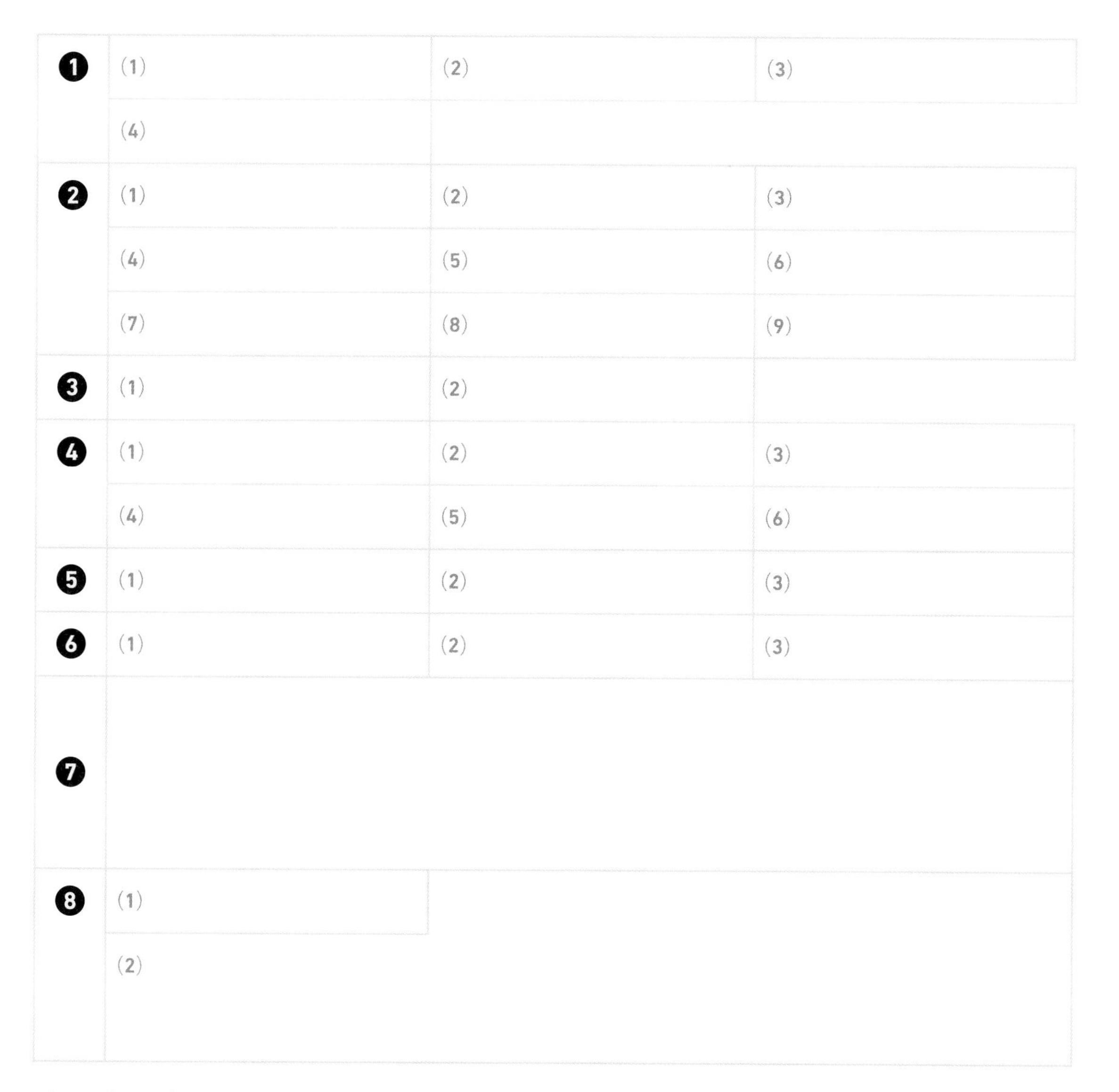

❶	(1)	(2)	(3)
	(4)		
❷	(1)	(2)	(3)
	(4)	(5)	(6)
	(7)	(8)	(9)
❸	(1)	(2)	
❹	(1)	(2)	(3)
	(4)	(5)	(6)
❺	(1)	(2)	(3)
❻	(1)	(2)	(3)
❼			
❽	(1)		
	(2)		

Step 1 基本チェック　1節 平方根

15分

教科書のたしかめ　[ ]に入るものを答えよう！

❶ 平方根　▶ 教 p.44-49　Step 2 ❶-❾

解答欄

□(1) 25 の平方根は[5]と[-5]である。　(1)

□(2) $\dfrac{36}{49}$ の平方根は$\left[\dfrac{6}{7}\right]$と$\left[-\dfrac{6}{7}\right]$である。　(2)

□(3) 根号を使って，6 の平方根を表すと，[$\sqrt{6}$]と[$-\sqrt{6}$]　(3)

□(4) $\sqrt{121}=\sqrt{11^2}=$[11]，$-\sqrt{64}=-\sqrt{8^2}=$[-8]　(4)

□(5) $(\sqrt{3})^2=$[3]，$(-\sqrt{15})^2=$[15]，$(\sqrt{21})^2=$[21]　(5)

□(6) $\sqrt{11}$ と $\sqrt{15}$ の大小は[$\sqrt{11}$]<[$\sqrt{15}$]　(6)

□(7) 5 と $\sqrt{23}$ の大小は，$5^2=25$，$(\sqrt{23})^2=23$ で $25>23$ であるから[5]>[$\sqrt{23}$]　(7)

□(8) $-\sqrt{0.1}$ と -0.1 の大小を，不等号を使って表すと，$\sqrt{0.1}>0.1$ であるから[$-\sqrt{0.1}$]<[-0.1]　(8)

□(9) $\sqrt{2}$，$\sqrt{36}$，$\sqrt{7}$，π，$\sqrt{0.01}$ のなかから，無理数をすべて選びなさい。[$\sqrt{2}$，$\sqrt{7}$，π]　(9)

□(10) $\dfrac{1}{3}$ と $\dfrac{1}{4}$ を小数で表すと，有限小数になるのは$\left[\dfrac{1}{4}\right]$，循環小数になるのは$\left[\dfrac{1}{3}\right]$である。　(10)

教科書のまとめ　＿に入るものを答えよう！

□ある数 x を 2 乗すると a になるとき，x を a の 平方根 という。

□正の数には平方根が 2 つあって， 絶対値 が等しく， 符号 が異なる。

□ 0 の平方根は 0 だけである。

□a を正の数とするとき，$(\sqrt{a})^2=$ a ，$(-\sqrt{a})^2=$ a が成り立つ。

□a，b が正の数で，$a<b$ ならば $\sqrt{a}<\sqrt{b}$

□a を整数，b を 0 でない整数としたとき $\dfrac{a}{b}$ と表すことができる数を 有理数 という。

□分数で表すことのできない数を 無理数 という。

□1.41 は $\sqrt{2}$ の 近似値 である。

□同じ数字の並びがかぎりなくくり返す小数を 循環小数 という。

Step 2 予想問題　1節 平方根

1ページ 30分

【平方根①】

1 次の数の平方根をいいなさい。

□(1) 4　□(2) 169　□(3) $\frac{16}{25}$

(　　)　(　　)　(　　)

□(4) $\frac{144}{49}$　□(5) 0.09　□(6) 0.64

(　　)　(　　)　(　　)

【平方根②】

2 根号を使って，次の数の平方根を表しなさい。

□(1) 7　□(2) 0.5　□(3) $\frac{7}{15}$

(　　)　(　　)　(　　)

【平方根③】

3 次の数を根号を使わずに表しなさい。

□(1) $\sqrt{225}$　□(2) $-\sqrt{64}$　□(3) $\sqrt{(-4)^2}$

(　　)　(　　)　(　　)

□(4) $\sqrt{\frac{9}{16}}$　□(5) $-\sqrt{1}$　□(6) $-\sqrt{9^2}$

(　　)　(　　)　(　　)

【平方根④】

4 次の数を求めなさい。

□(1) $(\sqrt{3})^2$　□(2) $(-\sqrt{11})^2$　□(3) $\left(\sqrt{\frac{3}{4}}\right)^2$

(　　)　(　　)　(　　)

ヒント

1

2乗すると a になる数を，a の平方根という。

ミスに注意

正の数の平方根は，正の数と負の数の2つある。

2

$\sqrt{}$ を使って，正と負の平方根を表す。

3

(1) $\sqrt{225}$ は225の平方根の正のほうである。

$225=15^2$

(4) $\sqrt{\frac{9}{16}}=\sqrt{\frac{3^2}{4^2}}$

4

a を正の数とするとき

$(\sqrt{a})^2=a$

$(-\sqrt{a})^2=a$

(2) $(-\sqrt{11})^2$

$=(-\sqrt{11})\times(-\sqrt{11})$

【平方根⑤】

5 次の各組の数の大小を，不等号を使って表しなさい。

□(1) $\sqrt{10}$，$\sqrt{14}$　　□(2) $\sqrt{37}$，6

（　　　　　　）　（　　　　　　）

□(3) 5，4，$\sqrt{20}$

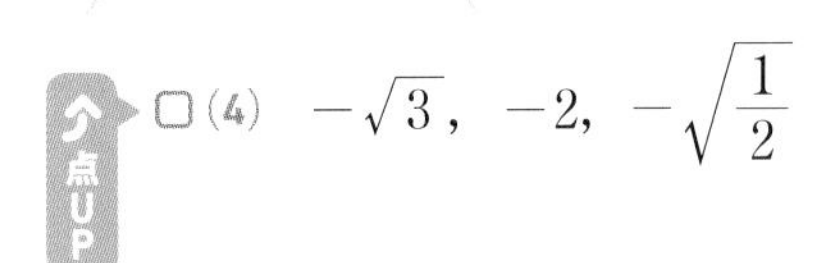

□(4) $-\sqrt{3}$，-2，$-\sqrt{\dfrac{1}{2}}$

（　　　　　　）　（　　　　　　）

【平方根⑥】

6 下の数のなかから，無理数をすべて選びなさい。

□ -3，　π，　$\sqrt{4}$，　$\sqrt{15}$，　$\dfrac{29}{17}$

（　　　　　　）

【平方根⑦】

7 次の下線のうち，正しいものには○を，正しくないものには×を書きなさい。

□(1) $\sqrt{(-3)^2}=\underline{-3}$ である。　□(2) 4 の平方根は $\underline{2}$ である。

（　　　　　　）　（　　　　　　）

□(3) $\sqrt{0.01}=\underline{0.1}$ である。　□(4) $\sqrt{-1}=\underline{-1}$ である。

（　　　　　　）　（　　　　　　）

【平方根⑧】

8 次の数直線上の点のなかから，$-\sqrt{3}$ を表している点を選びなさい。

□

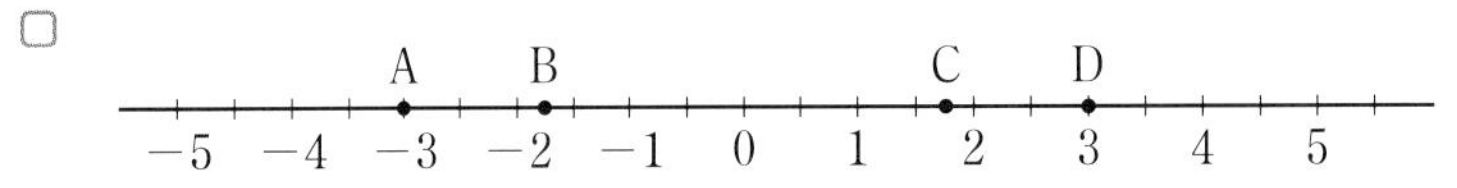

（　　　　　　）

【平方根⑨】

9 下の数のなかから，循環小数をすべて選びなさい。

□ $\dfrac{1}{2}$，$\dfrac{1}{3}$，$\dfrac{1}{4}$，$\dfrac{1}{5}$，$\dfrac{1}{6}$，$\dfrac{1}{7}$

（　　　　　　）

5 各組とも 2 乗して，大小を調べる。

6 無理数は分数で表すことのできない数である。π は円周率で，無理数である。

7 a が正の数であるとき，a の 2 つの平方根のうち，
正のほうを $\sqrt{a}$
負のほうを $-\sqrt{a}$
と書く。

8 $3<4$ であるから，$\sqrt{3}<\sqrt{4}=2$

9 それぞれを小数で表して，調べる。

[解答▶p.6]

Step 1 基本チェック 2節 根号をふくむ式の計算 3節 平方根の利用

15分

教科書のたしかめ [ ]に入るものを答えよう!

2節 ❶ 根号をふくむ式の乗除

▶ 教 p.52-56 Step 2 ❶-❻

解答欄

□(1) $\sqrt{6}\times\sqrt{7}=[\sqrt{42}]$

□(2) $\sqrt{2}\times(-\sqrt{18})=[-\sqrt{36}]=[-6]$

□(3) $\dfrac{\sqrt{12}}{\sqrt{2}}=\left[\sqrt{\dfrac{12}{2}}\right]=[\sqrt{6}]$

□(4) $6\sqrt{2}=[\sqrt{6^2\times2}]=[\sqrt{72}]$

□(5) $\sqrt{90}=\sqrt{9\times10}=[\sqrt{9}]\times\sqrt{10}=[3\sqrt{10}]$

□(6) $\sqrt{12}\times\sqrt{40}=2\sqrt{3}\times[2\sqrt{10}]=[4\sqrt{30}]$

□(7) $\dfrac{5}{2\sqrt{5}}=\dfrac{5\times[\sqrt{5}]}{2\sqrt{5}\times\sqrt{5}}=\dfrac{5\sqrt{5}}{10}=\left[\dfrac{\sqrt{5}}{2}\right]$

□(8) $\sqrt{2}=1.414$ として $\sqrt{20000}=[100]\sqrt{2}=[141.4]$

2節 ❷ 根号をふくむ式の加減

▶ 教 p.57-59 Step 2 ❼

□(9) $7\sqrt{2}+5\sqrt{5}-2\sqrt{2}-3\sqrt{5}=[5\sqrt{2}+2\sqrt{5}]$

□(10) $\sqrt{48}-\sqrt{27}+\sqrt{3}=4\sqrt{3}-[3\sqrt{3}]+\sqrt{3}=[2\sqrt{3}]$

□(11) $\sqrt{3}+\dfrac{6}{\sqrt{3}}=\sqrt{3}+\dfrac{[6\times\sqrt{3}]}{\sqrt{3}\times\sqrt{3}}=\sqrt{3}+\dfrac{6\sqrt{3}}{3}=[3\sqrt{3}]$

2節 ❸ 根号をふくむ式のいろいろな計算

▶ 教 p.60-61 Step 2 ❽❾

□(12) $(\sqrt{2}+\sqrt{5})^2=2+[2\sqrt{10}]+5=[7+2\sqrt{10}]$

□(13) $x=1+\sqrt{5}$, $y=1-\sqrt{5}$ のとき, x^2-y^2 の値を求めなさい。

$x^2-y^2=[(x+y)(x-y)]=2\times[2\sqrt{5}]=[4\sqrt{5}]$

3節 ❶ 平方根の利用

▶ 教 p.63-65 Step 2 ❿

教科書のまとめ ___ に入るものを答えよう!

□平方根の積と商… a, b を正の数とするとき

[1] $\sqrt{a}\times\sqrt{b}=\sqrt{ab}$ [2] $\dfrac{\sqrt{a}}{\sqrt{b}}=\sqrt{\dfrac{a}{b}}$

□ $a\sqrt{b}=\sqrt{a^2b}$ $\sqrt{a^2b}=a\sqrt{b}$

□分母に根号がない形に表すことを, 分母を 有理化する という。

□同じ数の平方根をふくんだ式は, 同類項をまとめる のと同じようにして簡単にすることができる。

□根号をふくむ式の計算… 分配法則 や 乗法公式 を使って計算する。

Step 2 予想問題　2節 根号をふくむ式の計算 3節 平方根の利用

1ページ 30分

【根号をふくむ式の乗除①】

1 次の計算をしなさい。

□(1) $\sqrt{3}\times\sqrt{5}$　□(2) $(-\sqrt{5})\times\sqrt{6}$　□(3) $\sqrt{2}\times\sqrt{18}$

□(4) $\dfrac{\sqrt{10}}{\sqrt{5}}$　□(5) $\dfrac{\sqrt{21}}{\sqrt{3}}$　□(6) $\sqrt{96}\div(-\sqrt{6})$

【根号をふくむ式の乗除②】

2 次の数を，(1)〜(4)は $\sqrt{a}$ の形に，(5)，(6)は $a\sqrt{b}$ の形に表しなさい。

□(1) $2\sqrt{3}$　□(2) $3\sqrt{6}$　□(3) $5\sqrt{5}$

(　　)　(　　)　(　　)

□(4) $6\sqrt{3}$　□(5) $\sqrt{300}$　□(6) $\sqrt{245}$

(　　)　(　　)　(　　)

【根号をふくむ式の乗除③】

3 次の数を変形しなさい。

□(1) $\sqrt{\dfrac{11}{81}}$　□(2) $\sqrt{0.0003}$

(　　)　(　　)

【根号をふくむ式の乗除④】

4 $\sqrt{5}=2.236$ として，次の値を求めなさい。

□(1) $\sqrt{500}$　□(2) $\sqrt{50000}$　□(3) $\sqrt{0.0005}$

(　　)　(　　)　(　　)

【根号をふくむ式の乗除⑤】

よく出る

5 次の数の分母を有理化しなさい。

□(1) $\dfrac{\sqrt{3}}{\sqrt{5}}$　□(2) $\dfrac{9}{4\sqrt{3}}$　点UP □(3) $\dfrac{2\sqrt{3}}{\sqrt{18}}$

【根号をふくむ式の乗除⑥】

よく出る

6 次の計算をしなさい。

□(1) $\sqrt{18}\times\sqrt{20}$　□(2) $4\sqrt{5}\times2\sqrt{15}$　□(3) $\sqrt{112}\div\sqrt{35}$

ヒント

1
$\sqrt{a}\times\sqrt{b}=\sqrt{ab}$
$\dfrac{\sqrt{a}}{\sqrt{b}}=\sqrt{\dfrac{a}{b}}$

2
$a\sqrt{b}=\sqrt{a^2b}$
$\sqrt{a^2b}=a\sqrt{b}$

テスト得ダネ
根号の中を，ある数の2乗との積の形で表せるようにすることがポイントだよ。

3
(2) $\sqrt{0.0003}$
$=\sqrt{\dfrac{3}{10000}}$

4
小数点の位置から2けたごとに区切って考える。

5
分母に根号がある数は，分母と分子に同じ数をかけて，分母に根号がない形に表す。

6
根号の中の数は，できるだけ小さい自然数にしておく。

[解答▶p.7]

【根号をふくむ式の加減】

7 次の計算をしなさい。

□(1) $2\sqrt{3}+7\sqrt{3}$

□(2) $6\sqrt{5}-3\sqrt{5}+5\sqrt{5}$

□(3) $\sqrt{75}-\sqrt{27}+\sqrt{12}$

□(4) $3\sqrt{6}+4\sqrt{7}-5\sqrt{6}+\sqrt{7}$

□(5) $\sqrt{63}+\dfrac{21}{\sqrt{7}}$

□(6) $\dfrac{3}{2\sqrt{3}}-\dfrac{\sqrt{6}}{3\sqrt{2}}$

【根号をふくむ式のいろいろな計算①】

8 次の計算をしなさい。

□(1) $\sqrt{3}(\sqrt{18}-2\sqrt{6})$

□(2) $-\sqrt{3}(2\sqrt{3}-\sqrt{5})$

□(3) $6\sqrt{2}(\sqrt{20}-\sqrt{10})$

□(4) $(4\sqrt{3}+1)(\sqrt{3}-2)$

□(5) $(\sqrt{2}+\sqrt{10})^2$

□(6) $(\sqrt{3}-2)(\sqrt{3}+4)$

□(7) $(\sqrt{11}+\sqrt{7})(\sqrt{11}-\sqrt{7})$

□(8) $(\sqrt{6}+\sqrt{2})^2-(\sqrt{6}-\sqrt{2})^2$

【根号をふくむ式のいろいろな計算②】

9 □ $x=\sqrt{5}+\sqrt{3}$，$y=\sqrt{5}-\sqrt{3}$ のとき，$x^2+2xy+y^2$ の値を求めなさい。

(　　　)

【平方根の利用】

10 次の問に答えなさい。

□(1) 体積が 720 cm^3，高さが 10 cm の正四角柱があります。この正四角柱の底面の 1 辺の長さを求めなさい。

(　　　)

□(2) 1 辺の長さが 5 cm の立方体があります。表面積がこの立方体の 2 倍の立方体をつくるとき，1 辺の長さを求めなさい。

(　　　)

ヒント

7
(3) $\sqrt{a^2b}=a\sqrt{b}\,(a>0)$
(5)(6) 分母を有理化してから計算する。

8
分配法則や乗法公式を使って計算する。根号の中の数は，できるだけ小さい自然数にしておく。

テスト得ダネ
根号をふくむ式の計算はテストによく出るよ。

9
式を因数分解してから x，y の値を代入する。

10
(1) 正四角柱は底面が正方形の四角柱である。
(2) (立方体の表面積) $=(1\text{辺})\times(1\text{辺})\times6$

[解答▶p.7]

Step 3 予想テスト　2章 平方根

30分　／100点　目標 80点

1 次のことは正しいですか。正しいものには○を，誤りがあるものには，＿＿の部分を正しくなおしなさい。知　20点(各4点)

□(1) 81 の平方根は $\underline{9}$ である。

□(2) $\sqrt{(-11)^2}$ は $\underline{11}$ に等しい。

□(3) $\sqrt{100}$ は $\underline{\pm 10}$ である。

□(4) $(-\sqrt{7})^2$ は $\underline{7}$ に等しい。

□(5) $\sqrt{70}$ と $\sqrt{70000}$ を小数で表したとき，数字の並び方は<u>同じ</u>。

2 次の各組の数の大小を，不等号を使って表しなさい。知　12点(各4点)

□(1) 4，$\sqrt{15}$

□(2) $-\sqrt{0.11}$，-0.1

□(3) 7，$\sqrt{50}$，$4\sqrt{3}$

3 次の㋐～㋔のなかから，無理数をすべて選びなさい。知　4点(完答)

□

㋐ $-\sqrt{16}$　　㋑ $\sqrt{19}$　　㋒ $\dfrac{3}{5}$　　㋓ $\sqrt{\dfrac{3}{4}}$　　㋔ $\sqrt{0.01}$

4 次の計算をしなさい。知　24点(各4点)

□(1) $\sqrt{12}\times\sqrt{15}$

□(2) $2\div\sqrt{6}$

□(3) $2\sqrt{7}-5\sqrt{7}$

□(4) $\sqrt{8}-\sqrt{27}+\sqrt{98}-\sqrt{108}$

□(5) $\sqrt{2}(\sqrt{10}+3\sqrt{18})$

□(6) $\dfrac{\sqrt{5}}{3}+\dfrac{1}{2\sqrt{5}}$

5 次の計算をしなさい。知　16点(各4点)

□(1) $(\sqrt{7}+\sqrt{3})^2$

□(2) $(\sqrt{5}+\sqrt{3})(\sqrt{5}-\sqrt{3})$

□(3) $(\sqrt{2}+5)(\sqrt{2}-1)$

□(4) $(\sqrt{6}-\sqrt{2})^2$

❻ $x=\sqrt{6}+1$，$y=\sqrt{6}-1$ のとき，次の式の値を求めなさい。知　　8点(各4点)

□(1)　x^2-2x+1　　□(2)　x^2-y^2

❼ 次の問に答えなさい。考　　16点(各4点)

□(1)　$\sqrt{6}=2.449$，$\sqrt{60}=7.746$ として，$\sqrt{60000}$ の値を求めなさい。

□(2)　a を自然数とするとき，$2<\sqrt{a}<3$ をみたす a の値をすべて求めなさい。

□(3)　n を自然数とするとき，$\sqrt{175n}$ の値が自然数となるような n の値のうちで，もっとも小さい値を求めなさい。

□(4)　1辺が8 cmの正方形があります。面積がこの正方形の2倍の正方形をつくるとき，1辺の長さをもとの正方形の1辺の長さの何倍にすればよいですか。

❶	(1)	(2)	(3)
	(4)	(5)	
❷	(1)	(2)	(3)
❸			
❹	(1)	(2)	(3)
	(4)	(5)	(6)
❺	(1)	(2)	(3)
	(4)		
❻	(1)	(2)	
❼	(1)	(2)	(3)
	(4)		

／20点　❷　／12点　❸　／4点　❹　／24点　❺　／16点　❻　／8点　❼　／16点

[解答▶p.8]

Step 1 基本チェック　1節 2次方程式とその解き方

15分

教科書のたしかめ　[　]に入るものを答えよう！

❶ 2次方程式とその解　▶教 p.72-73　Step 2 ❶❷

解答欄

□(1) -2, -1, 0, 1, 2 のうち，2次方程式 $x^2-3x+2=0$ の解をすべて求めると [1], [2]

❷ 平方根の考えを使った解き方　▶教 p.74-77　Step 2 ❸-❻

□(2) $x^2-64=0$ を解きなさい。→$x^2=$[64]　$x=$[± 8]

□(3) $(x-3)^2=11$ を解きなさい。→ $x-3=$[$\pm\sqrt{11}$]

$x=$[$3\pm\sqrt{11}$]

□(4) $x^2+6x=5$ を解きなさい。→x^2+6x+[9]$=5+$[9]

[$(x+3)^2$]$=14$　$x=$[$-3\pm\sqrt{14}$]

❸ 2次方程式の解の公式　▶教 p.78-80　Step 2 ❼

□(5) $x^2-3x-2=0$ を解の公式を使って解きなさい。

$$x=\frac{-(-3)\pm\sqrt{(-3)^2-[\ 4\ ]\times1\times(-2)}}{2\times1}=\left[\ \frac{3\pm\sqrt{17}}{2}\ \right]$$

□(6) $2x^2-8x+5=0$ を解の公式を使って解きなさい。

$$x=\frac{8\pm\sqrt{64-40}}{4}=\frac{8\pm2\sqrt{[\ 6\ ]}}{4}=\left[\ \frac{4\pm\sqrt{6}}{2}\ \right]$$

❹ 因数分解を使った解き方　▶教 p.81-82　Step 2 ❽❾

□(7) $x^2-5x+4=0$ を解きなさい。→[$(x-1)$][$(x-4)$]$=0$

$x=$[1], $x=$[4]

□(8) $x^2-8x+16=0$ を解きなさい。→([$x-4$])$^2=0$　$x=$[4]

❺ いろいろな2次方程式　▶教 p.83-84　Step 2 ❿⓫

□(9) $(x-4)(x-1)=-2$ を解きなさい。→左辺を展開して -2 を移項すると [$(x-2)$][$(x-3)$]$=0$　$x=$[2], $x=$[3]

(1)
(2)
(3)
(4)
(5)
(6)
(7)
(8)
(9)

教科書のまとめ　＿＿に入るものを答えよう！

□2次方程式を成り立たせるような文字の値を，その方程式の 解 といい，2次方程式の解をすべて求めることを，2次方程式を 解く という。

□2次方程式 $ax^2+bx+c=0$ の解の公式… $x=\dfrac{-b\pm\sqrt{b^2-4ac}}{2a}$

□2次方程式の解き方には， 平方根 の考えを使って解く方法， 解の公式 を使って解く方法， 因数分解 を使って解く方法がある。

Step 2 予想問題

1 節 2 次方程式とその解き方

【2 次方程式とその解①】

1 次の㋐〜㋓の式のうち，2 次方程式はどれですか。

□ ㋐ $x^2-3x+1=x^2$　　㋑ $(x-2)(x-3)=0$

㋒ $x^2-64=0$　　㋓ $(x+5)(x-7)=x^2$

（　　　　　）

【2 次方程式とその解②】

2 -2，-1，0，1，2 のうち，2 次方程式 $x^2+x-2=0$ の解を，すべていいなさい。

（　　　　　）

【平方根の考えを使った解き方①】

3 次の方程式を解きなさい。

□(1) $x^2-25=0$　　□(2) $2x^2-98=0$

□(3) $3x^2-21=0$　　□(4) $9x^2-8=0$

【平方根の考えを使った解き方②】

4 次の方程式を解きなさい。

□(1) $(x-7)^2=16$　　□(2) $(x+5)^2=10$

□(3) $(x-8)^2-24=0$　　□(4) $(x+3)^2-32=0$

ヒント

1
右辺が 0 になるように式を整理する。
(2 次式)$=0$ の形に変形できる方程式を見つける。

2
方程式にそれぞれの値を代入したとき，式が成り立つものが解である。

3
$ax^2+c=0$ の形をした 2 次方程式は，平方根の考えを使って解く。

4
$(x+$▲$)^2=$ の形をした 2 次方程式は，かっこの中をひとまとまりのものとみて解く。

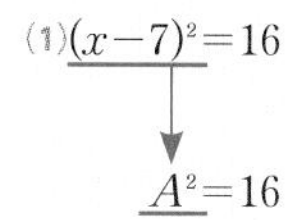

3 章

【平方根の考えを使った解き方③】

5 次の□にあてはまる数を書きなさい。

□(1) $x^2+6x+\square=(x+\square)^2$

□(2) $x^2-4x+\square=(x-\square)^2$

□(3) $x^2-5x+\square=(x-\square)^2$

【平方根の考えを使った解き方④】

得点UP **6** 次の方程式を解きなさい。

□(1) $x^2-2x-6=0$　　□(2) $x^2+4x-4=0$

□(3) $x^2-6x-16=0$　　□(4) $x^2+10x+21=0$

【2次方程式の解の公式】

7 次の問に答えなさい。

□(1) $3x^2+5x-1=0$ を，解の公式を使って解きました。□にあてはまる数を書きなさい。

解の公式に，$a=$①□，$b=$②□，$c=$③□を代入すると

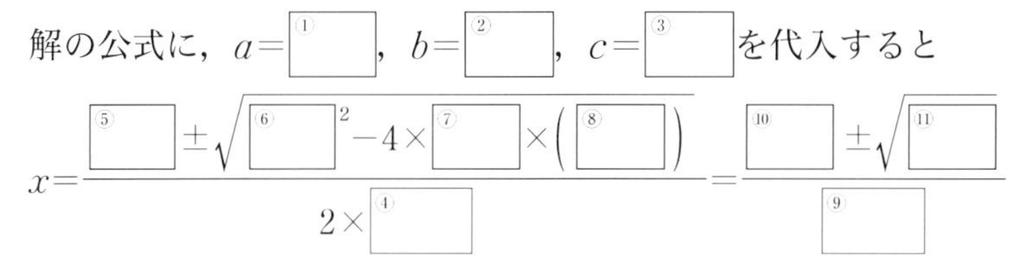

$$x=\frac{⑤\square\pm\sqrt{⑥\square^2-4\times⑦\square\times(⑧\square)}}{2\times④\square}=\frac{⑩\square\pm\sqrt{⑪\square}}{⑨\square}$$

(2) 次の方程式を，解の公式を使って解きなさい。

□① $3x^2+7x+1=0$　　□② $x^2-7x+4=0$

□③ $3x^2+8x+2=0$　　□④ $4x^2-2x-7=0$

□⑤ $2x^2+x-6=0$　　□⑥ $16x^2-8x+1=0$

ヒント

5

$x^2+px+\left(\frac{p}{2}\right)^2$

$=\left(x+\frac{p}{2}\right)^2$

6

$(x+▲)^2=●$の形に変形する。

xの係数の$\frac{1}{2}$の2乗を両辺に加える。

7

2次方程式

$ax^2+bx+c=0$の解は

$x=\frac{-b\pm\sqrt{b^2-4ac}}{2a}$

解の公式に代入するa, b, cの値を確認する。

テスト得ダネ

解の公式を使って2次方程式を解く問題はよく出るよ。解の公式をしっかり覚えて使いこなせるようにしておこう。

(2)解が約分できるかどうかを確認する。

解が有理数になるときや解が1つのときもある。

[解答▶p.10]

【因数分解を使った解き方①】

8 次の方程式を解きなさい。

□(1) $x(x-7)=0$　□(2) $(x-3)(x-2)=0$

□(3) $(x+5)(x-9)=0$　□(4) $(3x+1)(x-4)=0$

【因数分解を使った解き方②】

9 次の方程式を，因数分解を利用して解きなさい。

□(1) $x^2-3x=0$　□(2) $x^2-8x-20=0$

□(3) $x^2-x-30=0$　□(4) $x^2+9x+18=0$

□(5) $x^2+22x+121=0$　□(6) $x^2-18x+81=0$

【いろいろな2次方程式①】

10 次の方程式を解きなさい。

□(1) $x^2=4(3x-8)$　□(2) $(x+1)(x+3)=15$

□(3) $3x(x+2)=x-1$　□(4) $3(x+2)(x-2)=2x(x+2)$

【いろいろな2次方程式②】

11 □ 2次方程式 $x^2-4x+a=0$ の解の1つが $2+\sqrt{3}$ であるとき，a の値を求めなさい。また，もう1つの解を求めなさい。

（a の値　　　もう1つの解　　　）

ヒント

8
2つの数を A，B とするとき
$AB=0$ ならば
$A=0$ または $B=0$

ミスに注意
因数分解をして解を表すとき，符号のミスに気をつけよう。

9
左辺を因数分解する。

10
まず，式を整理して，(2次式)＝0の形になおす。2次方程式のどの方法を使って解くかを考える。

11
もとの方程式の x に $2+\sqrt{3}$ を代入して，まず，a の値を求める。

Step 1 基本チェック　2節 2次方程式の利用

15分

教科書のたしかめ　[ ]に入るものを答えよう！

1 2次方程式の利用

▶ 教 p.87-89　Step 2 1-4

解答欄

□(1) 3つの続いた正の整数があります。もっとも大きい数の8倍は，他の2つの数の積より2だけ小さくなります。もっとも小さい数を x として，3つの数を求めるとき，
真ん中の数は，[$x+1$]と表せます。
もっとも大きい数は，[$x+2$]と表せます。

□(2) 2次方程式をつくると[$8(x+2)=x(x+1)-2$]

□(3) 方程式を解くと　$x=$[-2]，$x=$[9]

□(4) $x>$[0]でなければならないから，$x=$[-2]は問題に適していない。

□(5) したがって，3つの続いた正の整数は[9，10，11]

□(6) 右の図のような長方形の土地に，縦，横に同じ幅の道路をつけて，花だんを2個作ったところ，道路の面積がもとの土地の面積の半分になりました。道路の幅を x m として求めるとき，道路の面積について，2次方程式をつくると

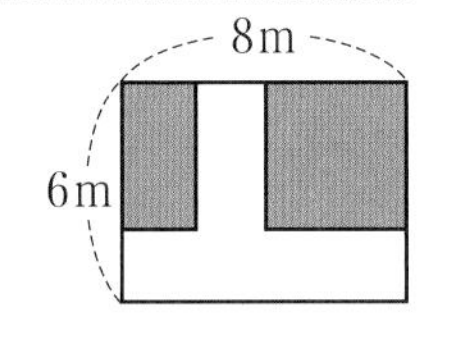

$x\times8+($[$6-x$]$)\times x=$[6×8]$\times\dfrac{1}{2}$ ……①

□(7) ①を整理すると[$x^2-14x+24$]$=0$

□(8) 方程式を解くと　$x=$[2]，$x=$[12]

□(9) $x<$[6]でなければならないから，$x=$[12]は問題に適していない。

□(10) したがって　$x=$[2]　道路の幅は[2 m]。

教科書のまとめ　___に入るものを答えよう！

2次方程式を利用して問題を解く順序

□1 どの数量 を 文字 を使って表すかを決める。

□2 数量の間の関係 を見つけ，方程式をつくる 。

□3 2次方程式を解く 。

□4 解が 問題に適しているか を確かめて，答え とする。…方程式の 解 がそのまま 答え になるとはかぎらない場合がある。

Step 2 予想問題 2節 2次方程式の利用

1ページ 30分

【2次方程式の利用①】

❶ ある自然数 x を2乗して6をひくと，x の5倍になりました。ある自然数 x を求めなさい。

【2次方程式の利用②】

❷ 縦が16 m，横が24 m の長方形の土地に，右の図のように，縦，横に同じ幅の道路をつけて，X，Y 2つの部分に分けます。XとYを合わせた面積が345 m^2 になるようにするには，道路の幅を何 m にすればよいですか。

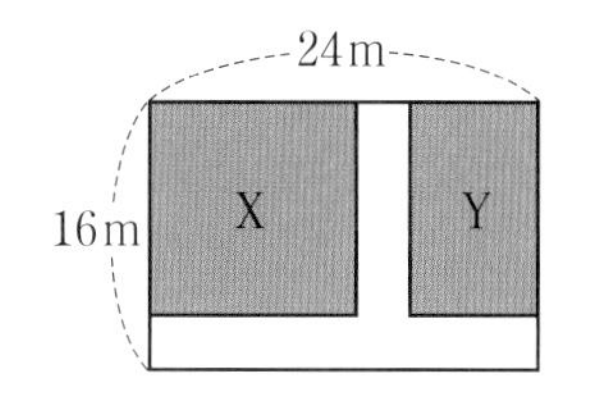

【2次方程式の利用③】

❸ 正方形の厚紙の4すみから，1辺が6 cm の正方形を切り取り，直方体の容器を作ったら，容積が2400 cm^3 になりました。厚紙の1辺の長さを求めなさい。ただし，厚紙の厚さは考えないものとします。

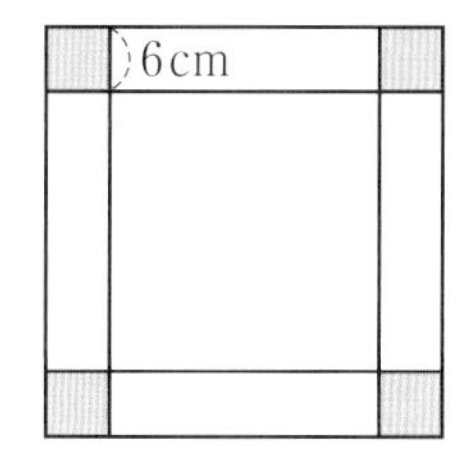

【2次方程式の利用④】

❹ 右の図のような正方形 ABCD で，点 P は，A を出発して辺 AB 上を B まで動きます。また，点 Q は，点 P が A を出発するのと同時に D を出発し，P と同じ速さで辺 DA 上を A まで動きます。点 P が A から何 cm 動いたとき，△APQ の面積が6 cm^2 になりますか。

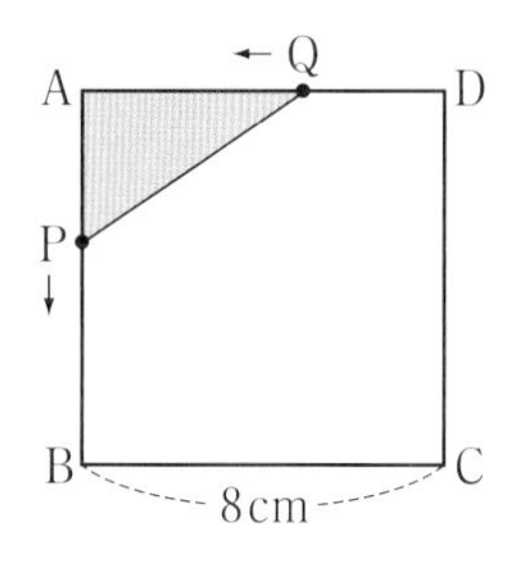

ヒント

❶ 求める数 x は，自然数である。

ミスに注意
求めた解が問題に適していない場合があるので注意しよう。

❷ 道路の幅を x m として考える。
また，下の図のように，道路を移動させて考える。

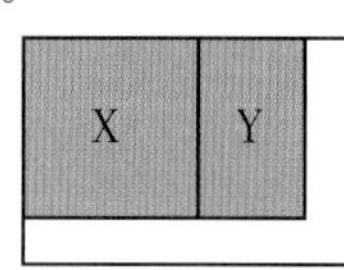

❸ (容積)＝(縦)×(横)×(高さ)

❹ AP＝x cm として考える。このとき，AQ の長さは $(8-x)$ cm となる。

3章

Step 3 予想テスト　3章 2次方程式

30分

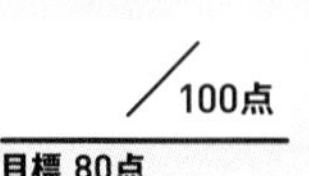

目標 80点

1 次の㋐～㋒の方程式のうち，-3 が解であるものはどれですか。すべて選びなさい。知

□　4点(完答)

㋐ $x^2-3=0$　　㋑ $x^2-4x-21=0$　　㋒ $x(x-3)=-5x+3$

2 次の方程式を解きなさい。知　24点(各4点)

□(1) $4x^2=25$

□(2) $(x-4)^2-8=0$

□(3) $x^2+2x-24=0$

□(4) $x^2-26x+169=0$

□(5) $2x^2-3x-1=0$

□(6) $5x^2-2x-1=0$

3 次の方程式を解きなさい。知　20点(各5点)

□(1) $x^2-3x=7x+24$

□(2) $(x-2)(x+2)=3x$

□(3) $\frac{1}{2}x^2=-3x+1$

□(4) $(x-3)^2+7(x-3)-18=0$

4 次の問に答えなさい。考　20点(各5点)

□(1) 2次方程式 $x^2+2ax-a+1=0$ の解の1つが3のとき，a の値を求めなさい。また，もう1つの解を求めなさい。

□(2) 2次方程式 $x^2-4x+a=0$ の解の1つが $2+\sqrt{6}$ のとき，a の値を求めなさい。また，もう1つの解を求めなさい。

5 大小2つの数があります。その和は21で，積は98です。2つの数を求めなさい。考　7点

□

❻ 縦が 11 m，横が 14 m の長方形の土地に，右の図のように，縦，横に同じ幅の道路をつけて，残りを畑にします。畑の面積が 108 m^2 になるようにするには，道路の幅を何 m にすればよいですか。考

7点

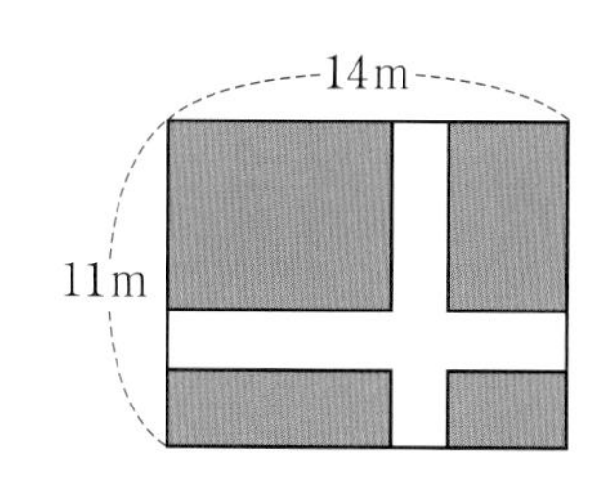

❼ 右の図で，点 A は $y=2x+5$ のグラフ上の点で，A から x 軸に垂線をひき，x 軸と交わった点を B，このグラフと y 軸との交点を C とします。次の問に答えなさい。ただし，点 A の x 座標の値は正とし，座標の 1 目もりは 1 cm とします。考

18点(各6点)

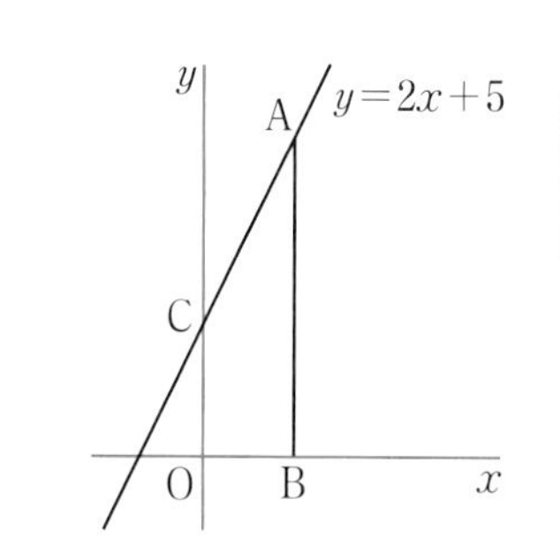

□(1) OB の長さを x cm とするとき，AB の長さを x を使って表しなさい。

□(2) 台形 OBAC の面積が 36 cm^2 のとき，点 A の座標を求めなさい。

□(3) (2)のとき，線分 OB 上に点 D をとり，△ABD の面積が(2)の台形の面積の半分になるようにします。このとき，点 D の座標を求めなさい。

❶			
❷	(1)	(2)	(3)
	(4)	(5)	(6)
❸	(1)	(2)	(3)
	(4)		
❹	(1) a の値 / もう 1 つの解	(2) a の値 / もう 1 つの解	
❺			
❻			
❼	(1)	(2)	(3)

/4点 ❷ /24点 ❸ /20点 ❹ /20点 ❺ /7点 ❻ /7点 ❼ /18点

[解答▶p.13]

Step 1 基本チェック

1節 関数 $y=ax^2$
2節 関数 $y=ax^2$ の性質と調べ方
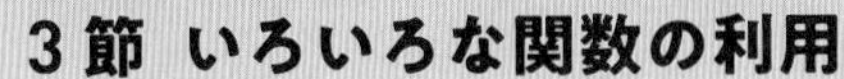
3節 いろいろな関数の利用

15分

教科書のたしかめ　[ ]に入るものを答えよう！

解答欄

1節 ❶ 関数 $y=ax^2$

▶ 教 p.96-98　Step 2 ❶❷

□ (1) 底面が1辺 x cm の正方形で，高さが 7 cm の正四角柱の体積を y cm^3 とするとき，y を x の式で表すと [$y=7x^2$]　(1)

□ (2) y は x の2乗に比例し，$x=3$ のとき $y=18$ です。
$y=ax^2$ とおいて，$x=3$，$y=18$ を代入して a の値を求めると
$a=$[2]　よって，y を x の式で表すと [$y=2x^2$]　(2)

2節 ❶ 関数 $y=ax^2$ のグラフ

▶ 教 p.100-106　Step 2 ❸❹

□ (3) $y=3x^2$ のグラフ上の点は，$y=x^2$ のグラフ上の各点について，[y]座標を[3]倍にした点である。　(3)

□ (4) $y=5x^2$ のグラフと $y=$[$-5x^2$]のグラフは，[x 軸]について対称である。　(4)

2節 ❷ 関数 $y=ax^2$ の値の変化

▶ 教 p.107-112　Step 2 ❺-❼

□ (5) $y=2x^2$ で，x の値が増加するとき，$x<0$ の範囲では，y の値は[減少]する。$x>0$ の範囲では，y の値は[増加]する。
$x=0$ のとき，y は最小値[0]をとる。　(5)

□ (6) 関数 $y=x^2$ で，$-2<x<1$ のとき [0] $\leqq y<$ [4]　(6)

□ (7) 関数 $y=-2x^2$ で，x の値が1から3まで増加するときの変化の割合は $\dfrac{(y\text{の増加量})}{(x\text{の増加量})}=\dfrac{[-18]-(-2)}{3-1}=[-8]$　(7)

3節 ❶ 関数 $y=ax^2$ の利用

▶ 教 p.117-119　Step 2 ❽❾

□ (8) 高いところからボールを落とすとき，落ち始めてから x 秒間に落ちる距離を y m とすると $y=4.9x^2$ と表せる。19.6 m 落下するには，$4.9x^2=19.6$ より，$x^2=$[4]だから，[2]秒間かかる。　(8)

3節 ❷ いろいろな関数

▶ 教 p.120-121　Step 2 ❿

教科書のまとめ　に入るものを答えよう！

$y=ax^2$ のグラフの特徴

□ 1 原点 を通る。
□ 2 y 軸について 対称な曲線 で，放物線 とよばれる。
□ 3 $a>0$ のとき 上に開いた形，$a<0$ のとき 下に開いた形 。
□ 4 a の値の絶対値が大きいほど，グラフの開き方は 小さい 。

$a>0$　y　O　x　$a<0$

Step 2 予想問題
1節 関数 $y=ax^2$
2節 関数 $y=ax^2$ の性質と調べ方
3節 いろいろな関数の利用

1ページ 30分

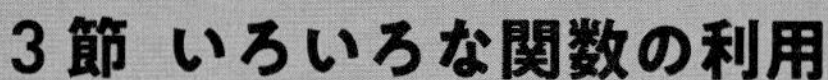

【関数 $y=ax^2$ ①】

1 次の(1)～(3)について，y を x の式で表しなさい。

□(1) 半径が x cm，中心角が 120°のおうぎ形の面積を y cm^2 とする。

(　　　　　)

□(2) 底面が1辺 x cm の正方形で，高さが 9 cm の正四角錐の体積を y cm^3 とする。

(　　　　　)

□(3) 縦と横の長さの比が 1：2 の長方形で，縦の長さを x cm，面積を y cm^2 とする。

(　　　　　)

【関数 $y=ax^2$ ②】

2 y は x の2乗に比例し，$x=4$ のとき $y=32$ です。

□(1) y を x の式で表しなさい。

(　　　　　)

□(2) $x=7$ のときの y の値を求めなさい。

(　　　　　)

【関数 $y=ax^2$ のグラフ①】

3 次の関数のグラフをかきなさい。

□(1) $y=x^2$　　□(2) $y=-x^2$

□(3) $y=\frac{1}{4}x^2$　　□(4) $y=-\frac{1}{4}x^2$

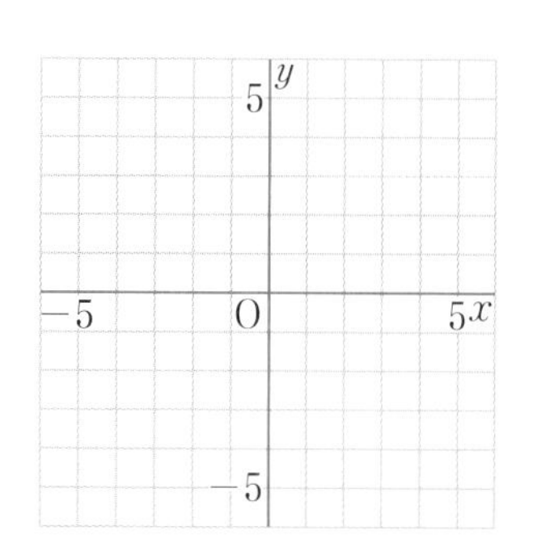

ヒント

1
(1)中心角 120°のおうぎ形の面積は，円の面積の $\frac{1}{3}$
(3)横の長さは $2x$ cm

2
(1)$y=ax^2$ に $x=4$，$y=32$ を代入して，a を求める。

3
できるだけ多くの点をとる。
(1)と(2)，(3)と(4)は，x 軸について対称である。

4章

【関数 $y=ax^2$ のグラフ②】

4 次の関数㋐～㋔について，下の問に答えなさい。

㋐ $y=x^2$　㋑ $y=-x^2$　㋒ $y=0.5x^2$
㋓ $y=\frac{1}{3}x^2$　㋔ $y=-4x^2$

□(1) グラフが下に開いているものはどれですか。

(　　　)

□(2) グラフの開き方がもっとも大きいのはどれですか。

(　　　)

□(3) x 軸について対称なグラフになるのはどれとどれですか。

(　　　)

【関数 $y=ax^2$ の値の変化①】

5 関数 $y=4x^2$ について，x の変域が次の(1)，(2)のときの y の変域を求めなさい。

□(1) $3 \leqq x \leqq 6$　□(2) $-1 \leqq x \leqq 2$

(　　　)　(　　　)

【関数 $y=ax^2$ の値の変化②】

6 関数 $y=\frac{1}{4}x^2$ について，x の値が次のように増加するときの変化の割合を求めなさい。

□(1) 1から3まで　□(2) -8 から -4 まで

(　　　)　(　　　)

【関数 $y=ax^2$ の値の変化③】

7 次の(1)～(3)は，関数 $y=ax^2$ …①と関数 $y=ax+b$ …②のいずれかについて述べたものです。①か②かを答えなさい。

□(1) グラフは y 軸について対称で，かならず原点 $(0,\ 0)$ を通る。

(　　　)

□(2) 変化の割合は a で，グラフは直線になる。

(　　　)

□(3) $x=0$ を境として，x の増加にともなう，y の増加と減少が逆になる。

(　　　)

ヒント

4
(1) $y=ax^2$ で，$a<0$ のとき，グラフは下に開く。
(2) $y=ax^2$ で，a の値の絶対値が最小のものが，グラフの開き方はもっとも大きい。

5
グラフをかいて，どんな形になるかを確認しておく。

ミスに注意
$x=0$ が x の変域にふくまれるかどうか注意しよう。

6
(1)変化の割合は正になる。
(2)変化の割合は負になる。

テスト得ダネ
変化の割合の問題はよく出るよ。
(変化の割合) $=\frac{(y\text{の増加量})}{(x\text{の増加量})}$

7
①，②のグラフをかいて考える。

[解答▶p.14]

【関数 $y=ax^2$ の利用①】

8 右の図のような斜面を転がる球が，転がり始めてから x 秒間に転がる距離を y m とすると，$y=3x^2$ の関係があります。

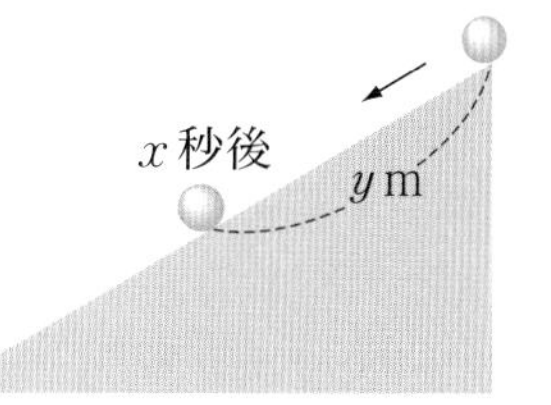

□(1) 転がり始めてから 2 秒間では，何 m 転がりますか。

（　　　　　）

□(2) 転がり始めて 3 秒後から 5 秒後までの間の平均の速さを求めなさい。

（　　　　　）

【関数 $y=ax^2$ の利用②】

9 下の図のような長方形 ABCD で，点 P，Q は A を同時に出発し，点 P は辺 AB 上を秒速 2 cm，点 Q は辺 AD 上を秒速 3 cm で進みます。一方が B または D に到達したとき，2 点 P，Q は停止します。点 P，Q が出発してから x 秒後の △APQ の面積を y cm² として，次の問に答えなさい。

□(1) y を x の式で表しなさい。

（　　　　　）

□(2) x と y の変域をそれぞれ求めなさい。

（　　　　　）（　　　　　）

【いろいろな関数】

10 右のグラフは，あるタクシー会社の走行距離と料金をグラフに表したものです。x km 走ったときの料金を y 円として，次の問に答えなさい。

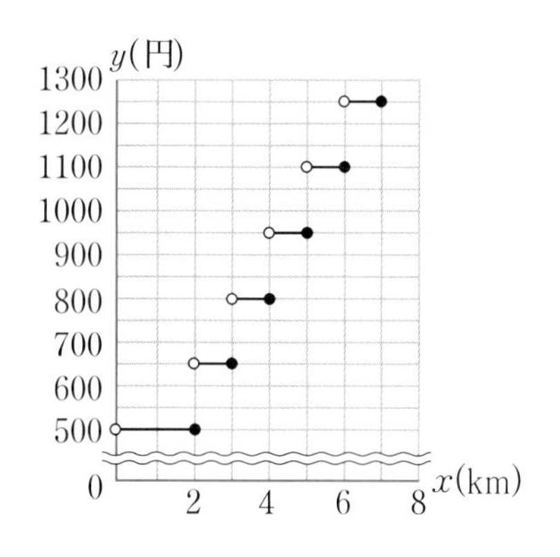

□(1) 2.5 km 走ったときの料金はいくらですか。

（　　　　　）

□(2) x の変域を，$0 < x \leqq 6$ とするときの y のとる値をすべて求めなさい。

（　　　　　）

□(3) 950 円はらったとき，走った距離 x の範囲を，不等号を使って表しなさい。

（　　　　　）

ヒント

8
(2)平均の速さは，変化の割合で求めることができる。

9
(1)AP，AQ の長さを，x を使って表す。
(2)P，Q がそれぞれ B，D に到達するまでの時間を求める。

10
グラフで，端の点をふくむ場合は●，ふくまない場合は○を使って表している。
(3)不等号の <，≦ に注意して，x の範囲を答える。

Step 3 予想テスト　4章 関数 $y=ax^2$

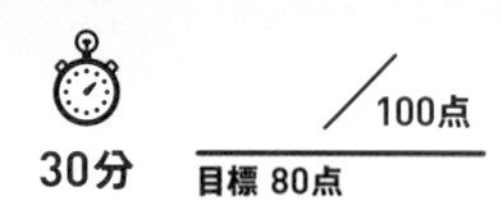

1 次の(1)～(4)について，y を x の式で表しなさい。また，y が x の2乗に比例するものには○，そうでないものには×を書きなさい。知

□(1) 底面の半径が x cm，高さが 9 cm の円錐の体積を y cm^3 とする。

□(2) 底辺が x cm，高さが 8 cm の三角形の面積を y cm^2 とする。

□(3) 縦 x cm，横 $3x$ cm の長方形の面積を y cm^2 とする。

□(4) 半径が x cm の球の体積を y cm^3 とする。

2 次の問に答えなさい。知

□(1) y は x の2乗に比例し，$x=4$ のとき $y=-16$ です。y を x の式で表しなさい。

□(2) 原点が頂点である放物線が，点 $(-1,\ 4)$ を通ります。この放物線の式を答えなさい。

□(3) $y=-3x^2$ について，x の値が -4 から -1 まで増加するときの変化の割合を求めなさい。

□(4) $y=\dfrac{1}{4}x^2$ について，x の変域が $-2 \leqq x \leqq 3$ のときの y の変域を求めなさい。

□(5) $y=ax^2$ で，x の変域が $-3 \leqq x \leqq 4$ のときの y の変域が $0 \leqq y \leqq 8$ です。a の値を求めなさい。

□(6) $y=ax^2$ で，x の値が 2 から 4 まで増加するときの変化の割合が，$y=3x-7$ の変化の割合に等しくなります。a の値を求めなさい。

3 次の関数のグラフをかきなさい。知

□(1) $y=\dfrac{1}{2}x^2$

□(2) $y=2x^2$

4 次の(1)～(4)にあてはまる関数を，㋐～㋓のなかからすべて選びなさい。知

㋐ $y=\dfrac{1}{3}x^2$　㋑ $y=-3x-9$　㋒ $y=\dfrac{3}{x}$　㋓ $y=-2x^2$

□(1) グラフが原点を通る関数

□(2) 変化の割合が一定である関数

□(3) $x>0$ で，x が増加すると，y は減少する関数

□(4) $x=3$ のとき $y=-18$ である関数

5 ある斜面に球を置いたとき，球が転がり始めてから x 秒間に転がる距離を y m とすると，$y=2x^2$ の関係があります。考

8点(各4点)

□(1) 転がり始めてから 2 秒間では，何 m 転がりますか。

□(2) 転がり始めて 2 秒後から 3 秒後までの間の平均の速さを求めなさい。

6 右の表は，ある運送会社の料金表です。重量 x kg のときの料金を y 円とすると，y は x の関数です。考

重量(kgまで)	0.5	1	2.5	5	7	10	14	20
料金(円)	350	500	700	900	1250	1650	2150	2800

8点(各4点)

□(1) 5 kg までの範囲で，x と y の関係をグラフに表しなさい。

□(2) 6 kg の品物 2 個を同じ家に送るとき，次の A，B のどちらの送り方をするほうが安いですか。

A… 1 個ずつ送る　　　B …2 個を一まとめにして，1 個の品物として送る

7 $y=\frac{1}{2}x^2$ のグラフ上に，x 座標がそれぞれ -4，2 となる点 A，B をとり，A，B を通る直線と y 軸との交点を C とします。考

12点(各6点)

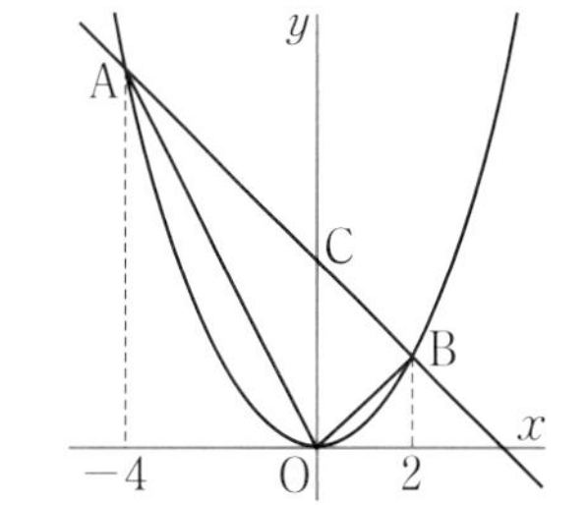

□(1) 直線 AB の式を求めなさい。

□(2) △AOB の面積を求めなさい。

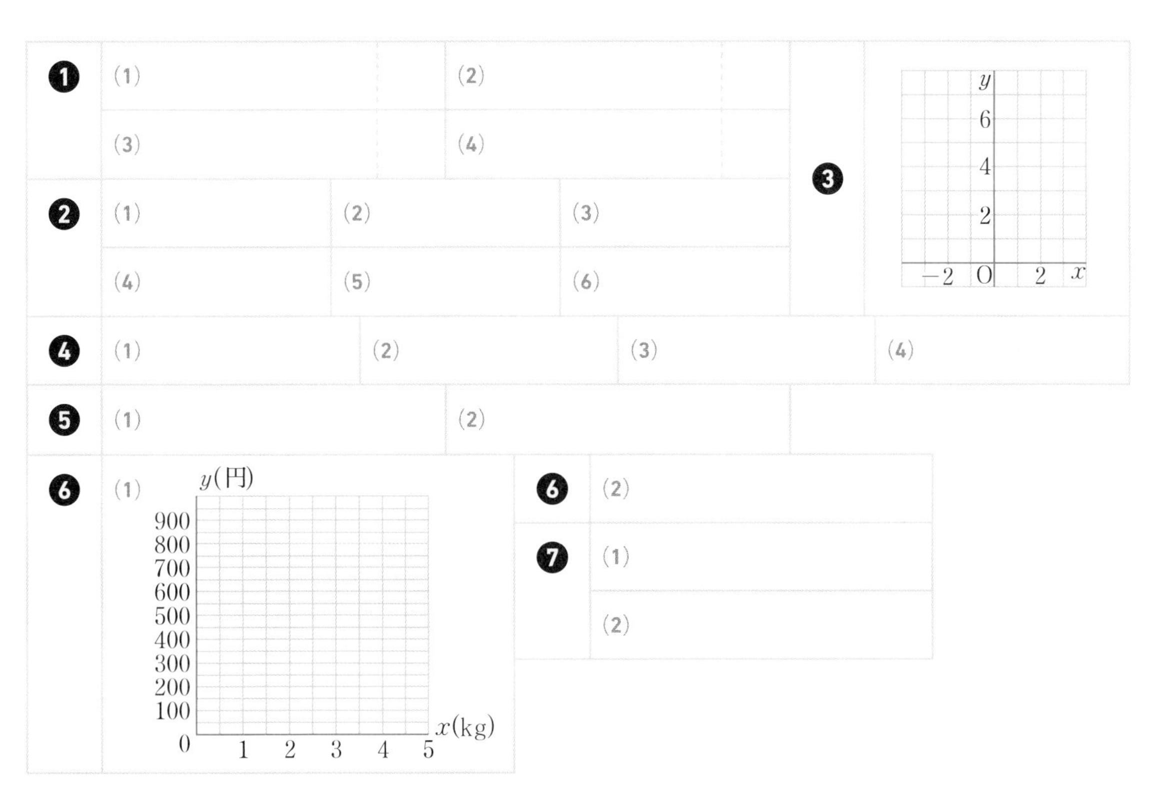

Step 1 基本チェック　1節 相似な図形

15分

教科書のたしかめ　[　]に入るものを答えよう！

❶ 相似な図形　▶ 教 p.130-134　Step 2 ❶❷

解答欄

右の図において，四角形 ABCD ∽ 四角形 EFGH のとき

□(1) 四角形 ABCD と四角形 EFGH の相似比は[3：2]である。　(1)

□(2) 辺 EF の長さは，EF＝x cm とすると，[18]：x＝3：2　(2)

$3x$＝[36]

x＝[12]　　EF＝[12 cm]

□(3) AD＝[30 cm]，∠A＝[80°]，∠H＝[67°]　(3)

❷ 三角形の相似条件　▶ 教 p.135-138　Step 2 ❸❹

次のそれぞれの図にあう相似条件を答えなさい。

□(4) [3 組の辺の比]がすべて等しい。　(4)

□(5) 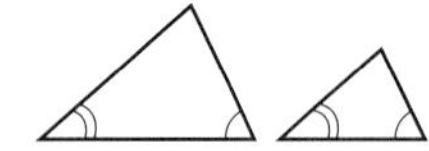 [2 組の角]がそれぞれ等しい。　(5)

❸ 相似の利用　▶ 教 p.139-141　Step 2 ❺

□(6) 長さ 2 m の棒を地面に垂直に立てたときの影の長さが 2.4 m のとき，木の影の長さは 18 m であった。木の高さを x m とすると，x：[2]＝18：[2.4]が成り立つ。　(6)

教科書のまとめ　＿＿に入るものを答えよう！

□四角形 ABCD と四角形 A′B′C′D′ が相似である。⇨四角形 ABCD ∽ 四角形 A′B′C′D′

□**相似な図形の性質**…相似な図形では，対応する部分の長さの 比 はすべて等しく，対応する 角 の大きさはそれぞれ等しい。

□右の図のように，2 つの図形の対応する点どうしを通る直線がすべて 1 点 O に集まり，O から対応する点までの距離の比がすべて等しいとき，それらの図形は，O を 相似の中心 として 相似の位置 にあるといい，△ABC と △A′B′C′ の 相似比 は 1：2 である。

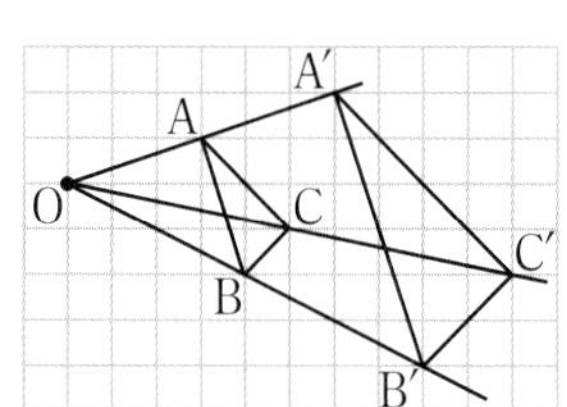

□**三角形の相似条件**

1　3 組の 辺の比 がすべて等しい。

2　2 組の 辺の比 と その間の角 がそれぞれ等しい。

3　2 組の 角 がそれぞれ等しい。

Step 2 予想問題　1節 相似な図形

1ページ 30分

【相似な図形①】

1 下の図に，△ABCの各辺を2倍に拡大した△DEFをかき入れなさい。ただし，(2)は，点Oを相似の中心とします。

□(1)

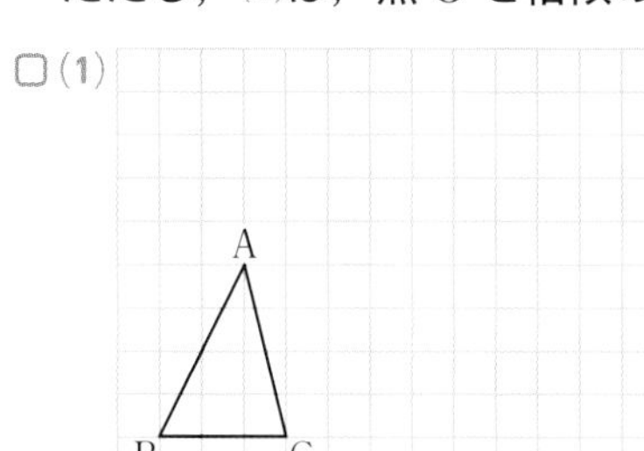

□(2)

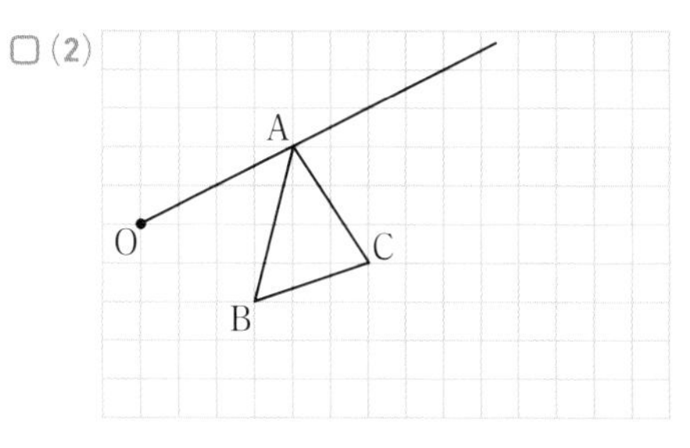

【相似な図形②】

2 右の図において，四角形ABCD ∽ 四角形EFGHであるとします。

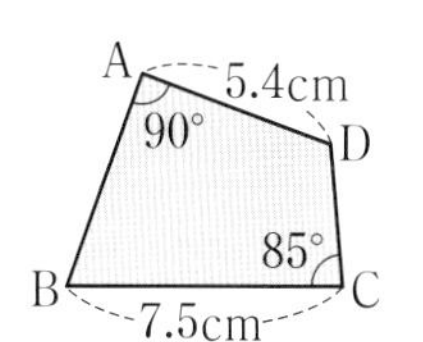

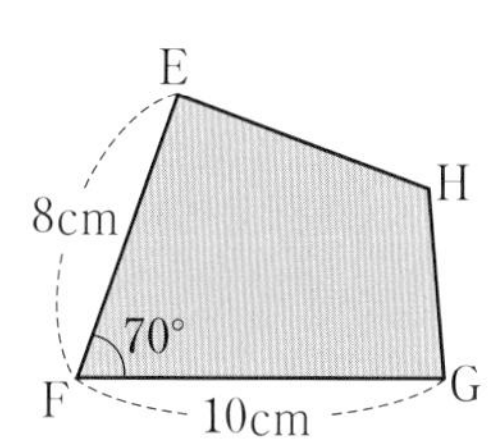

□(1) ∠B，∠E，∠Gの大きさを求めなさい。

∠B (　　　)

∠E (　　　)　∠G (　　　)

□(2) 辺AB，EHの長さを求めなさい。

AB (　　　)

EH (　　　)

□(3) 四角形ABCDと四角形EFGHの相似比を求めなさい。

(　　　)

【三角形の相似条件①】

3 下のそれぞれの図で，相似な三角形を記号∽を使って表しなさい。また，そのときに使った相似条件をいいなさい。

(1)

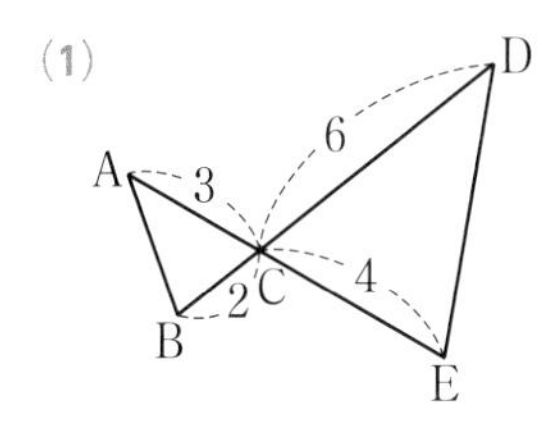

(2)

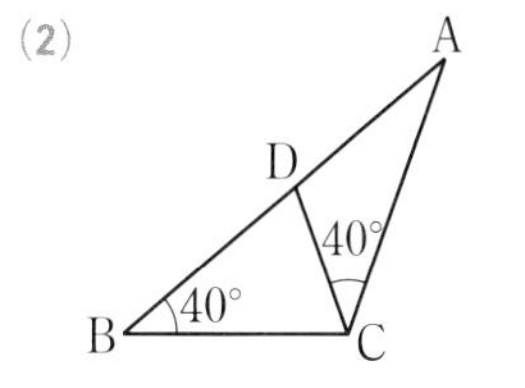

(3)

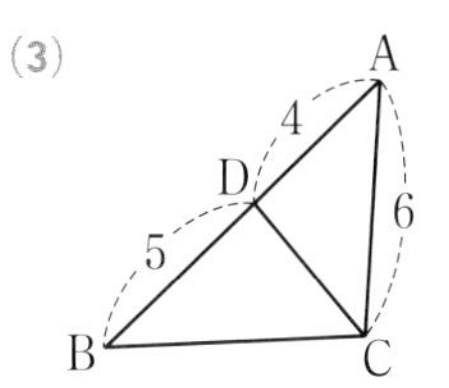

□(1) (　　　,　　　)

□(2) (　　　,　　　)

□(3) (　　　,　　　)

ヒント

1

(1)対応する辺の長さを2倍にし，対応する角の大きさが等しくなるようにかく。

(2)半直線OAのように，半直線OB，OCをひき，それぞれOD＝2OA，OE＝2OB，OF＝2OCとなる点D，E，Fをとる。

2

(1)対応する角の大きさは等しい。

(2)対応する辺の長さの比は等しい。
AB：EF＝BC：FG

(3)対応する辺の長さの比が相似比になる。

ミスに注意
相似比は，もっとも簡単な整数の比で表そう。

3

相似な三角形を取り出して，向きをそろえて考える。

テスト得ダネ
相似な三角形を対応する頂点の順に書こう。

5章

【三角形の相似条件②】

よく出る

❹ 次の問に答えなさい。

□(1) 右の図で AB∥DC です。このとき，△ABE ∽ △CDE となることを証明しなさい。

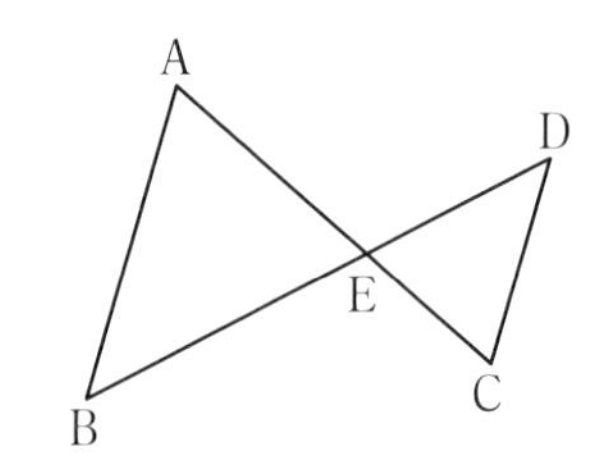

(2) △ABC と △ADE は正三角形で，右の図のように重なっています。

□① △ABD∽△AEF であることを証明しなさい。

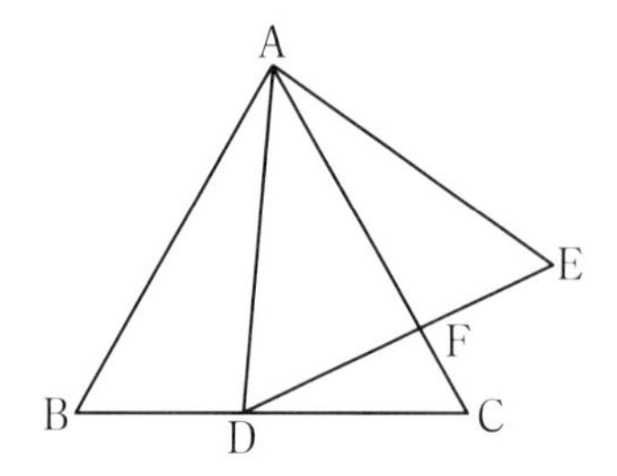

□② AB＝6 cm，BD＝2 cm のとき，CF の長さを求めなさい。

点UP

□(3) 右の図で，∠ACB＝∠ABD のとき，x の値を求めなさい。

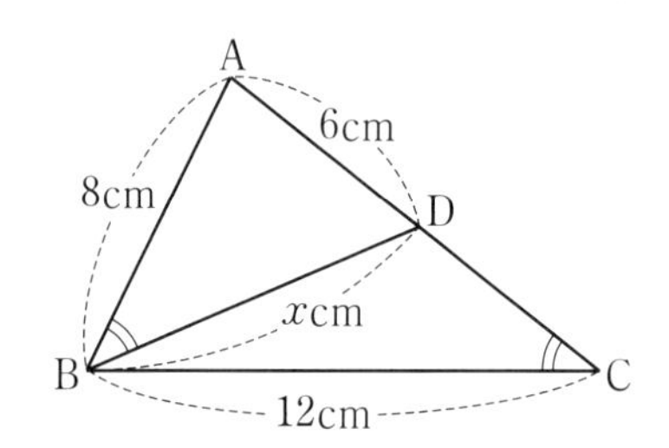

【相似の利用】

❺ 次の問に答えなさい。

□(1) 右の図の木の高さを，地面にうつる木の影と人の影を利用して求めなさい。

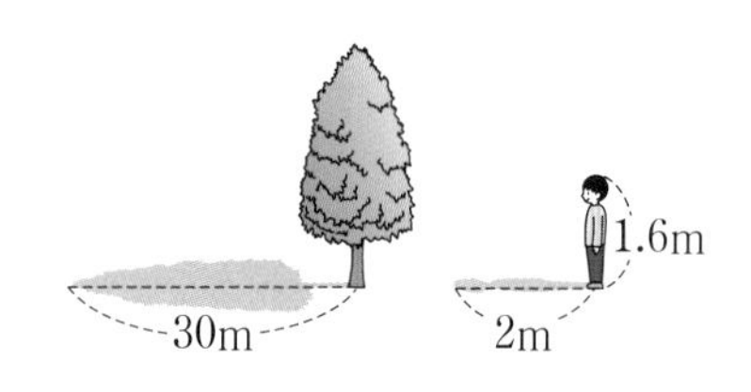

□(2) 測定値 1900 m の有効数字が 1，9，0 のとき，これを(整数部分が 1 けたの数)×(10 の累乗)の形に表しなさい。

ヒント

❹

三角形の相似条件のどれがあてはまるか考える。

(1)平行線の性質(または，対頂角の性質)を使って，2 組の角がそれぞれ等しいことをいう。

(2)①正三角形の性質を使う。
②△ABD と △DCF の相似を利用する。

(3)△ABC ∽ △ADB

❺

(1)太陽の光は平行であるとして，相似な三角形を考える。

(2)0 も有効数字であることに注意。

[解答▶p.18]

Step 1 基本チェック　2節 平行線と比

15分

教科書のたしかめ　[ ]に入るものを答えよう！

❶ 三角形と比　▶教 p.144-148　Step 2 ❶-❺

解答欄

□(1) 右の図で，∠ABC＝∠[ADE]であるから，DE[∥]BC となる。
AD：AB＝DE：[BC]が成り立つ。
よって　4：8＝[5]：x　　x＝[10]

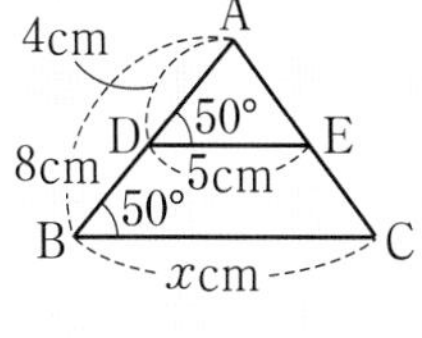

(1)

□(2) 右の図で，DE∥BC とするとき
AD：AB＝[DE]：[BC]
となるから　4：6＝[5]：[x]

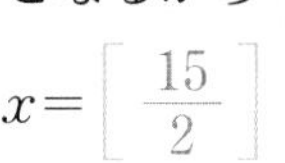

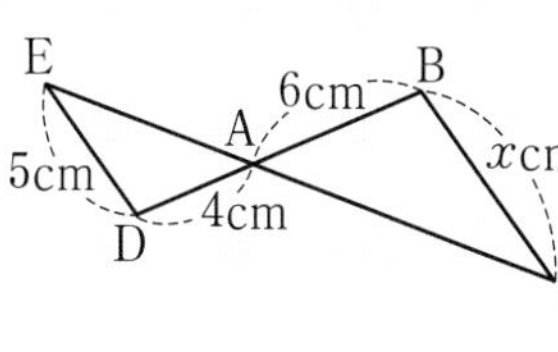

(2)

□(3) 右の図の辺 BC，CA，AB の中点をそれぞれ D，E，F とするとき，△DEF の周の長さを求めなさい。

DE＋EF＋FD＝5＋$\left[\dfrac{9}{2}\right]$＋[4]＝$\left[\dfrac{27}{2}\right]$

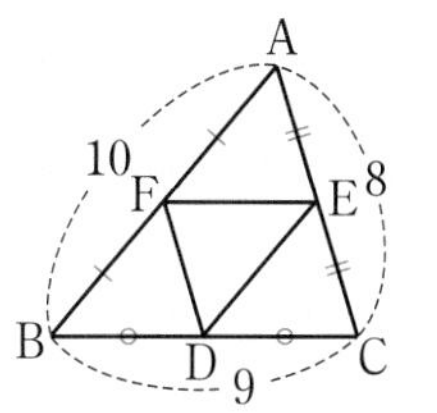

(3)

❷ 平行線と比　▶教 p.151-153　Step 2 ❻❼

□(4) 右の図で，直線 ℓ，m，n が平行であるとき

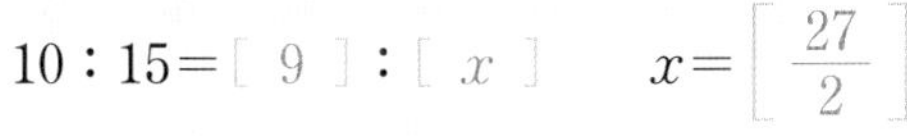

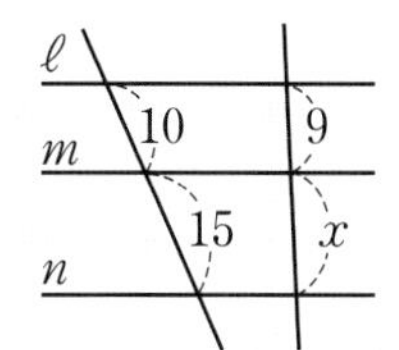

(4)

教科書のまとめ　＿に入るものを答えよう！

□右の図で，△ABC の辺 AB，AC 上の点をそれぞれ D，E とするとき

1 DE∥BC　ならば　AD：AB＝AE：AC＝DE：BC

2 AD：AB＝AE：AC　ならば　DE∥BC

3 DE∥BC　ならば　AD：DB＝AE：EC

4 AD：DB＝AE：EC　ならば　DE∥BC

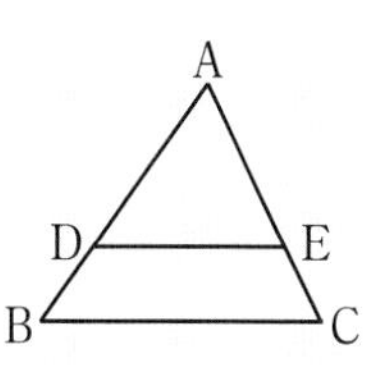

□右の図で，△ABC の 2 辺 AB，AC の中点をそれぞれ M，N とすると

MN∥BC，MN＝$\dfrac{1}{2}$BC … 中点連結定理

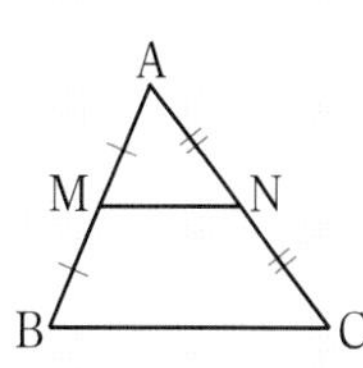

□右の図で，直線 a，b，c が平行であるとき
AB：BC＝A′B′：B′C′

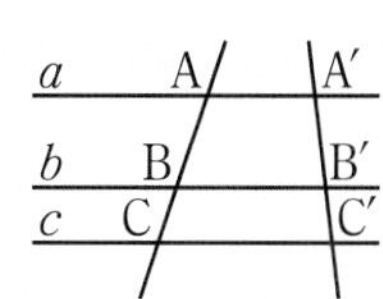

5章

Step 2 予想問題　2節 平行線と比

【三角形と比①】

よく出る

❶ 下の図で，DE∥BC とするとき，x の値を求めなさい。

□(1)

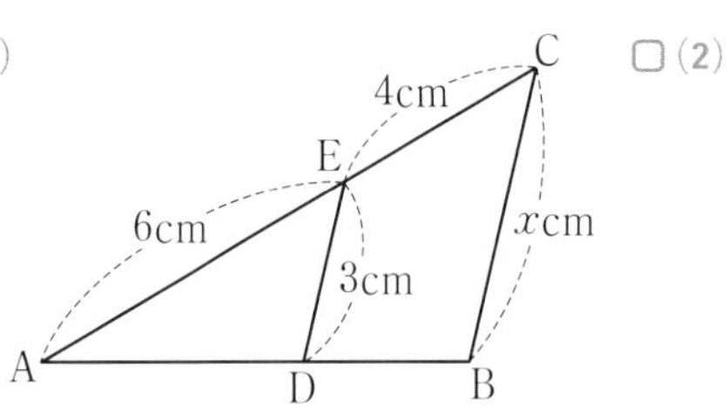

□(2)

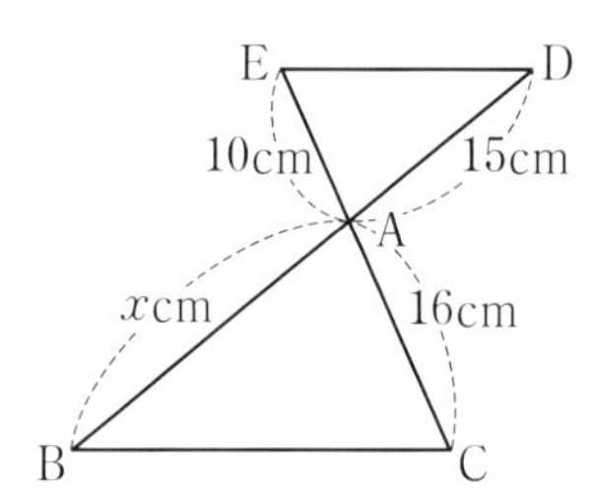

□(3)

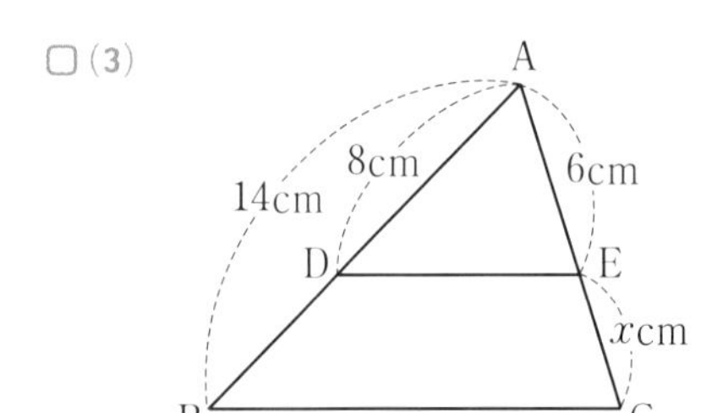

□(4)

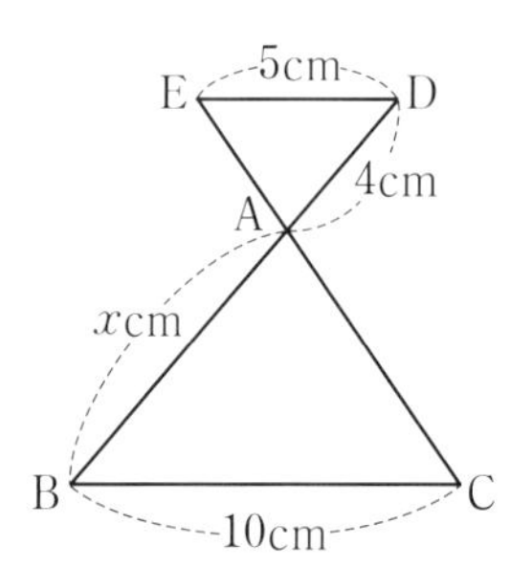

【三角形と比②】

❷ 右の図で，AD，EF，BC が平行であるとき，次の問に答えなさい。

□(1) EG の長さを求めなさい。

□(2) EF の長さを求めなさい。

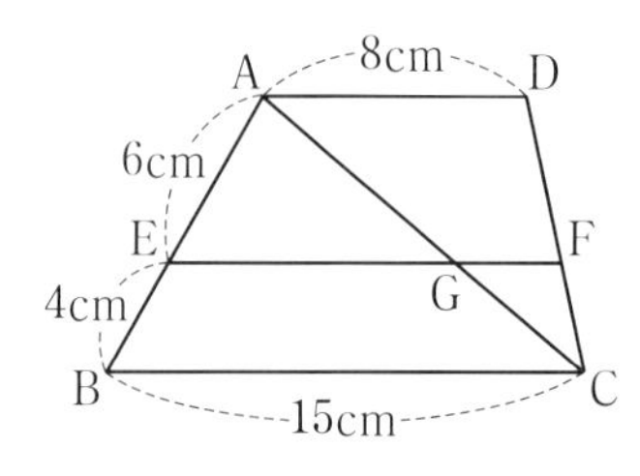

【三角形と比③】

❸ 右の図で，AB，CD，EF が平行であるとき，AB の長さを求めなさい。

□

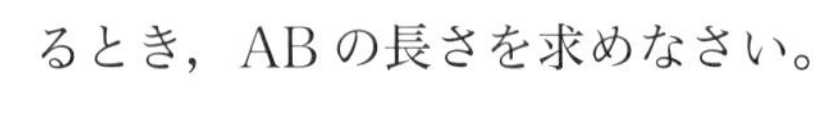

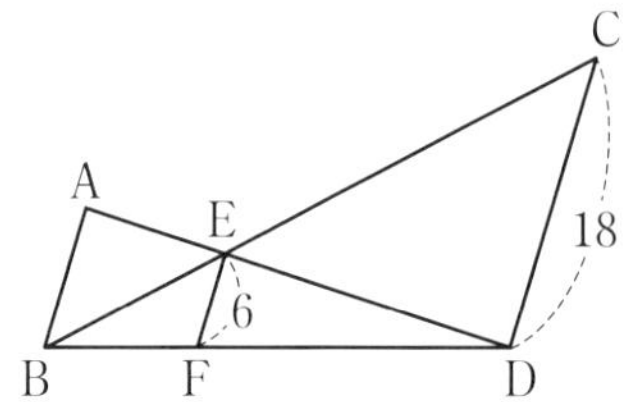

ヒント

❶
三角形と比の定理を使って求める。

ミスに注意
対応する辺をとりちがえないように注意しよう。

❷
(1) △ABC で AE：AB＝EG：BC
(2) まず，△CDA で，GF の長さを求める。

❸
BF：BD＝6：18＝1：3
より，DF：DB を求める。

[解答▶p.19]

【三角形と比④】

❹ 右の図で，D，E は辺 AC を 3 等分した点です。また，BD∥FE で，BD と AF の交点を G とします。次の問に答えなさい。

□(1) BF：FC を求めなさい。

（　　　　　）

□(2) DB：DG を求めなさい。

（　　　　　）

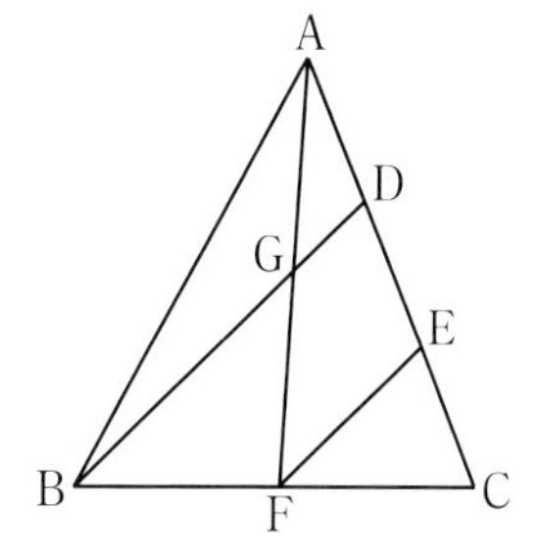

ヒント

❹
(1)△CDB で考える。
(2)EF：DB＝1：2
EF：DG＝2：1
となる。

【三角形と比⑤】

❺ □ 右の図で，E，F，G，H はそれぞれ辺 AD，BC，対角線 BD，AC の中点です。このとき，四角形 EGFH は平行四辺形になることを証明しなさい。

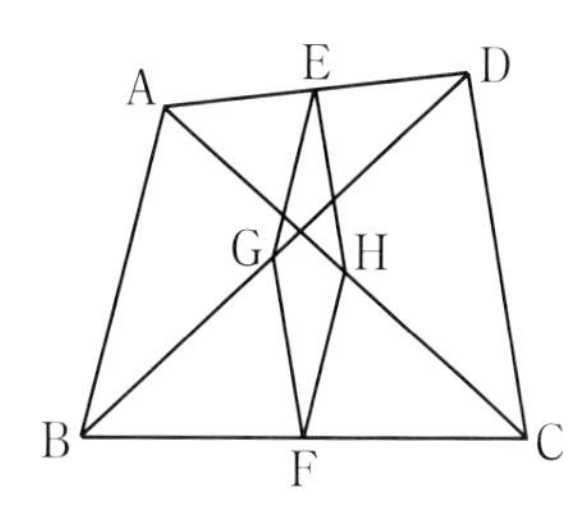

❺
中点連結定理を使う。たとえば，△DAB において EG と AB，△CAB において HF と AB について考える。

5章

【平行線と比①】

❻ 下の図で，直線 ℓ，m，n が平行であるとき，x の値を求めなさい。

□(1)

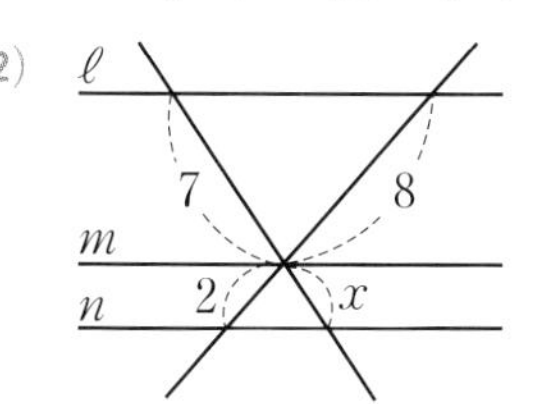

□(2)

（　　　　　）　（　　　　　）

❻
平行線と比の定理を使う。
(2)
ミスに注意
2 直線が交わっていても，同じように考えることができるよ。

【平行線と比②】

❼ □ 右の図で，△ABC の ∠A の二等分線と辺 BC との交点を D とすると，AB：AC＝BD：DC となります。AB＝12 cm，AC＝8 cm，BC＝10 cm のとき，BD の長さを求めなさい。

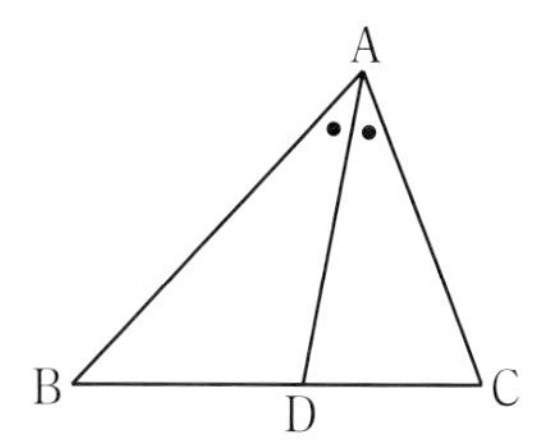

（　　　　　）

❼
BD：DC＝AB：AC
＝12：8＝3：2

Step 1 基本チェック　3節 相似な図形の面積と体積

15分

教科書のたしかめ　[　]に入るものを答えよう！

1 相似な図形の相似比と面積比

▶ 教 p.156-158　Step 2 ❶❷

解答欄

□(1) 相似な2つの図形で，その相似比が3：4のとき，
周の長さの比は[3：4]，面積比は[9：16]である。

□(2) 相似比が2：3の△ABCと△DEFで，△ABCの面積が8 cm^2のとき，△DEFの面積 x cm^2 を求めると
$8:x=$[2^2]：$3^2=$[4：9]　$x=$[18](cm^2)

2 相似な立体の表面積の比や体積比

▶ 教 p.159-161　Step 2 ❸❹

□(3) 相似な2つの立体で，その相似比が2：5のとき，
表面積の比は[4：25]，体積比は[8：125]である。

(1)
(2)
(3)

教科書のまとめ　＿＿に入るものを答えよう！

□相似な平面図形の周と面積…相似な平面図形では，周の長さの比は 相似比 に等しく，面積比は 相似比の2乗 に等しい。

□相似比が $m:n$ ならば，周の長さの比は m ： n ，面積比は m^2 ： n^2 である。

□相似な立体の表面積と体積…相似な立体では，表面積の比は 相似比の2乗 に等しく，体積比は 相似比の3乗 に等しい。

□相似比が $m:n$ ならば，表面積の比は m^2 ： n^2 ，体積比は m^3 ： n^3 である。

Step 2 予想問題　3節 相似な図形の面積と体積

1ページ 30分

【相似な図形の相似比と面積比①】

1 次の問に答えなさい。

□(1) 右の図で，BC∥EDのとき，△ABCと△ADEの周の長さの比を求めなさい。

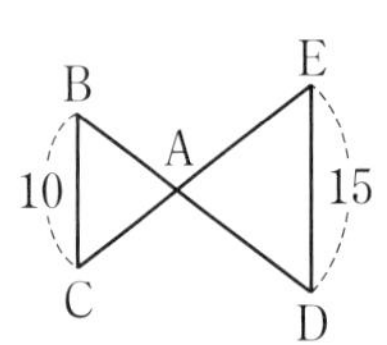

□(2) △ABC∽△A′B′C′ で，その相似比は4：7です。2つの三角形の面積比を求めなさい。

□(3) 四角形ABCD∽四角形A′B′C′D′ で，その相似比は5：6です。四角形ABCDの面積が75 cm^2 のとき，四角形A′B′C′D′ の面積を求めなさい。

ヒント

❶
相似比が $m:n$ ならば
周の長さの比は $m:n$
面積比は $m^2:n^2$
(3)面積比を求め，比例式をつくる。

[解答▶p.21]

【相似な図形の相似比と面積比②】

❷ △ABC を BC に平行な直線 ℓ で，右の図のように分けました。
AD：DB＝3：2 のとき，次の問に答えなさい。

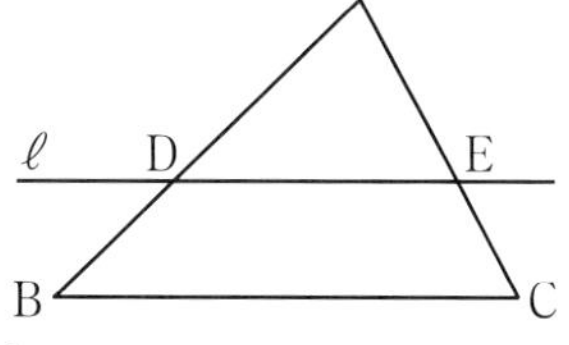

(1) 次の面積比を，簡単な整数の比で求めなさい。

□① △ADE：△ABC　　　□② △ADE：台形 DBCE

（　　　　）　（　　　　）

□(2) △ABC の面積が 50 cm^2 のとき，△ADE，台形 DBCE の面積を求めなさい。

（△ADE　　　　台形 DBCE　　　　）

ヒント

❷
(1)①AD：DB＝3：2 のとき，AD：AB＝3：5 となる。
また，直線 ℓ は BC に平行であるから，△ADE ∽ △ABC となる。
②台形 DBCE ＝△ABC－△ADE

【相似な立体の表面積の比や体積比①】

❸ 相似な 2 つの円柱 P，Q があり，その高さはそれぞれ 9 cm，15 cm です。

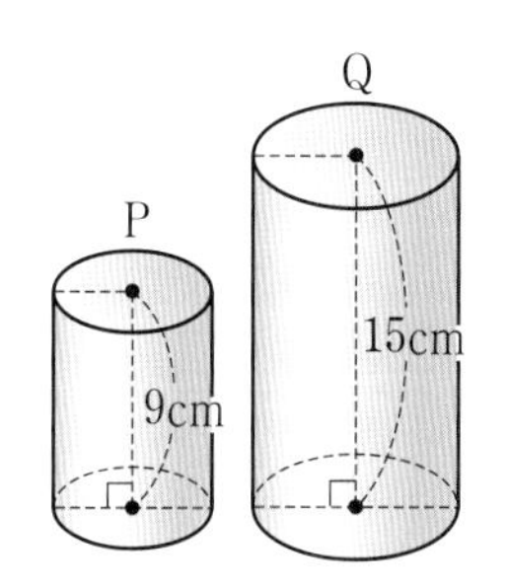

□(1) P と Q の表面積の比を求めなさい。

（　　　　）

□(2) P と Q の体積比を求めなさい。

（　　　　）

❸
円柱 P，Q の高さから，2 つの円柱の相似比を求める。

【相似な立体の表面積の比や体積比②】

❹ 次の問に答えなさい。

□(1) 相似な 2 つの立体 P，Q で，その相似比が 2：5 のとき，P の表面積が 200 cm^2，Q の体積が 75 cm^3 です。Q の表面積と P の体積を求めなさい。

（Q の表面積　　　　P の体積　　　　）

□(2) 底面積が 32 cm^2，50 cm^2 の相似な角柱を，それぞれ R，S とすると，R の体積が 320 cm^3 のときの S の体積を求めなさい。

（　　　　）

□(3) 2 つの立方体 T，U で，T の表面積が 216 cm^2，U の表面積が 150 cm^2 とすると，T の体積は U の体積の何倍ですか。

（　　　　）

❹
(2)底面積から角柱 R，S の相似比を求める。
相似比を $m:n$ とすると
$m^2:n^2=32:50$

5章

Step 3 予想テスト　5章 相似な図形

30分　/100点　目標 80点

1 下のそれぞれの図で，相似な三角形を記号 ∽ を使って表しなさい。(ただし，(2)は2組答えなさい。)また，そのときに使った相似条件をいいなさい。知

□(1)

□(2)

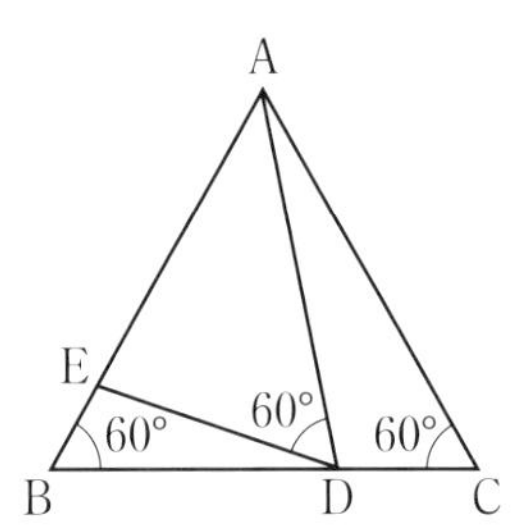

□(3)

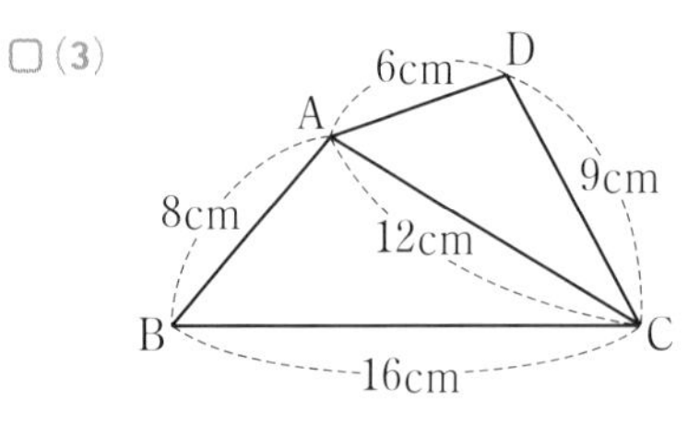

2 下の図で，x の値を求めなさい。ただし，(4)，(5)は，直線 ℓ，m，n が平行です。知

□(1)

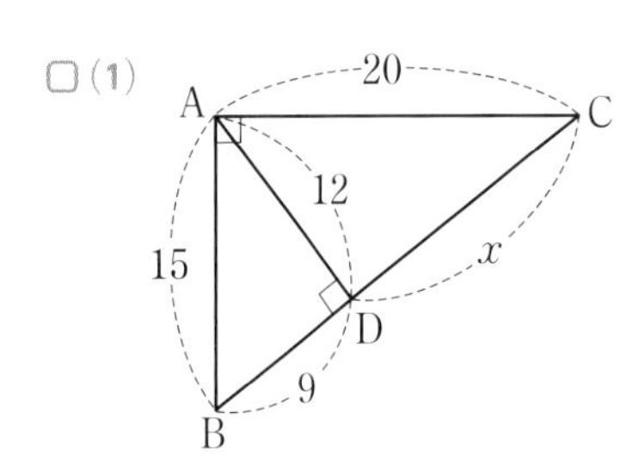

□(2)

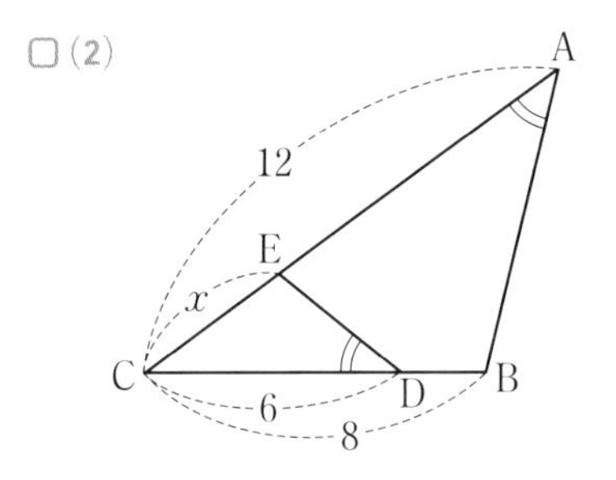

□(3)

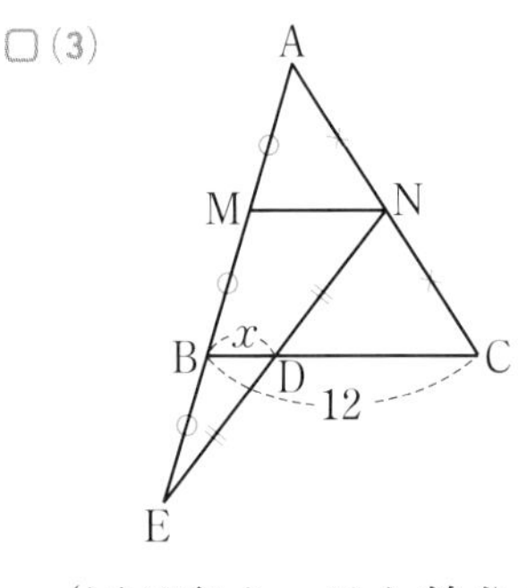

(同じ印をつけた線分の長さは等しい)

□(4)

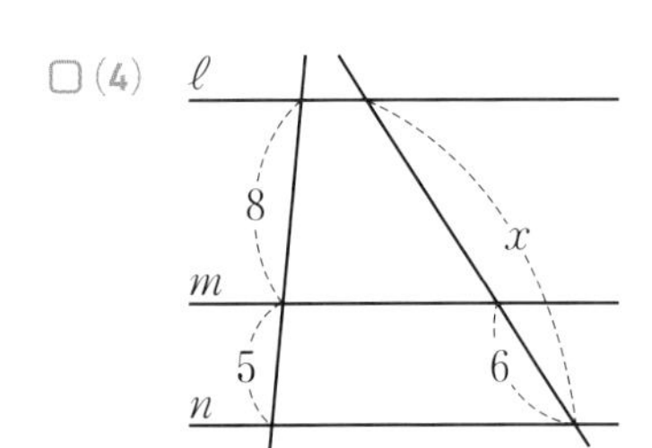

□(5)

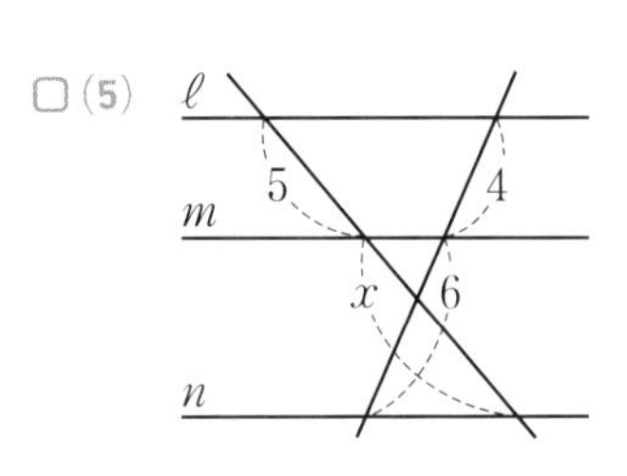

3 右の図の ▱ABCD で，CE：ED＝2：3 です。直線 AE と対角線 BD との交点を F，辺 BC の延長との交点を G とします。次の問に答えなさい。知 考

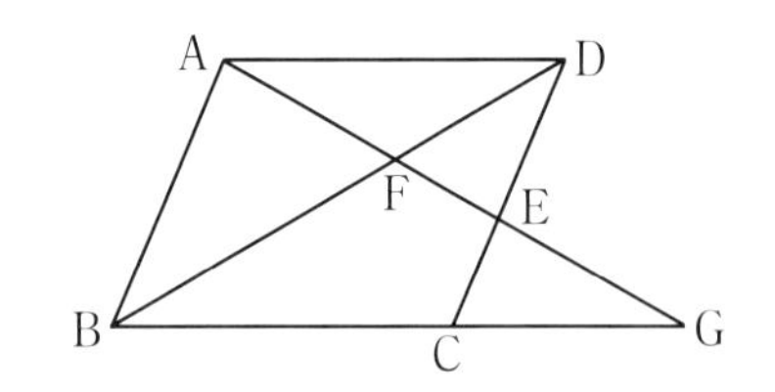

□(1)　△AED ∽ △GEC を証明しなさい。

□(2)　AD と BG の長さの比を求めなさい。

□(3)　△AFD と △GFB の面積比を求めなさい。

□(4)　△ABF と △EDF の面積比を求めなさい。

❹ 右の図の四角形 ABCD で，点 P，Q，R，S は辺 AB，BC，CD，DA の中点です。対角線 AC，BD について AC＝BD であるとき，四角形 PQRS がひし形であることを証明しなさい。考　7点

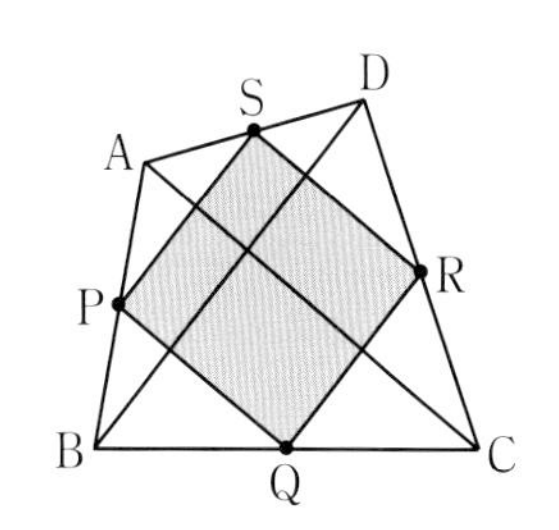

❺ 次の問に答えなさい。知　10点(各5点)

□(1) 相似な2つの三角錐 P，Q があり，その相似比は 3：5 です。P の表面積が 135 cm^2 のとき，Q の表面積を求めなさい。

□(2) 2つの立方体 R，T があり，それぞれの1つの面の面積が 1 cm^2，36 cm^2 のとき，R と T の体積比を求めなさい。

❻ 右の図のように，円錐を底面に平行な面でその高さを3等分してできる立体を，それぞれ A，B，C とするとき，次の問に答えなさい。考　14点(各7点)

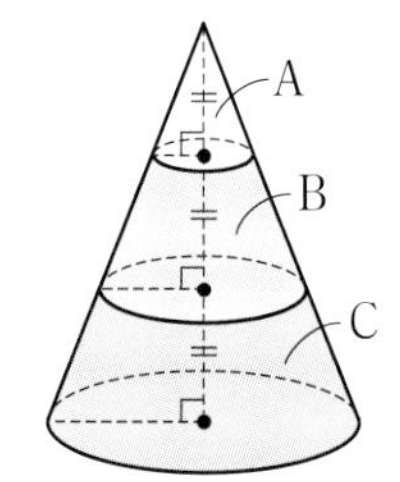

□(1) A，B，C の側面積の比を求めなさい。

□(2) A，B，C の体積比を求めなさい。

5章

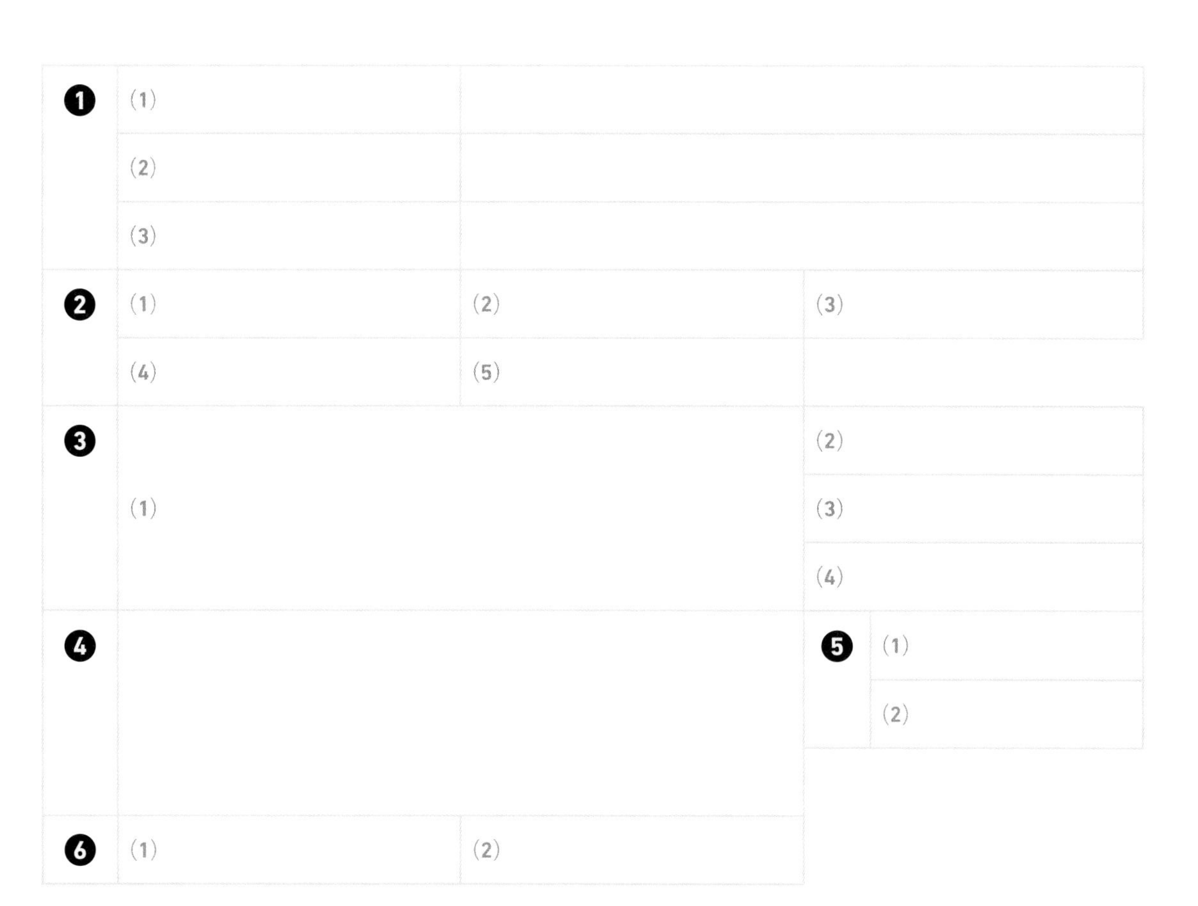

❶	(1)		
	(2)		
	(3)		
❷	(1)	(2)	(3)
	(4)	(5)	
❸	(1)	(2)	
		(3)	
		(4)	
❹		❺	(1)
			(2)
❻	(1)	(2)	

[解答▶p.22]

Step 1 基本チェック　1節 円周角の定理　2節 円周角の定理の利用

15分

教科書のたしかめ　[　]に入るものを答えよう！

1節 ❶ 円周角の定理

▶ 教 p.168-173　Step 2 ❶-❹

解答欄

右の図1で，

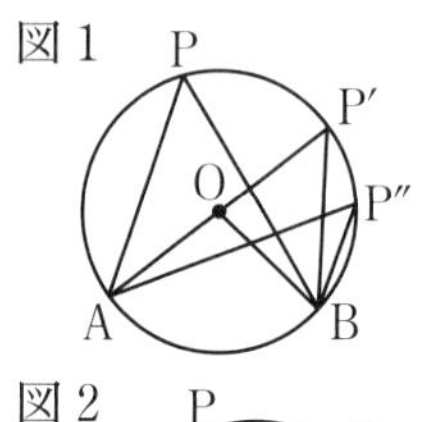

□(1) ∠APB＝∠AP′B＝∠[AP″B]　(1)

□(2) ∠APB＝50°のとき　∠AOB＝[100°]　(2)

右の図2で，$\overset{\frown}{AB}=\overset{\frown}{BC}=\overset{\frown}{CD}$ であるとき

図2

□(3) ∠APB＝∠[BQC]＝∠[CRD]　(3)

□(4) ∠APB＝∠a のとき　∠AOB＝[2∠a]　(4)

□(5) ∠PBQ＝∠ABP のとき　$\overset{\frown}{PQ}$＝[$\overset{\frown}{AP}$]　(5)

□(6) 右の図3で，線分ABを直径とする円の周上に点Pをとるとき，∠APB＝[90°]である。　(6)

図3

1節 ❷ 円周角の定理の逆

▶ 教 p.174-175　Step 2 ❺❻

□(7) 右の図で，3点P，A，Bを通る円を円Oとするとき，　(7)

点Qは円Oの[周上]にある。

点Rは円Oの[内部]にある。

点Sは円Oの[外部]にある。

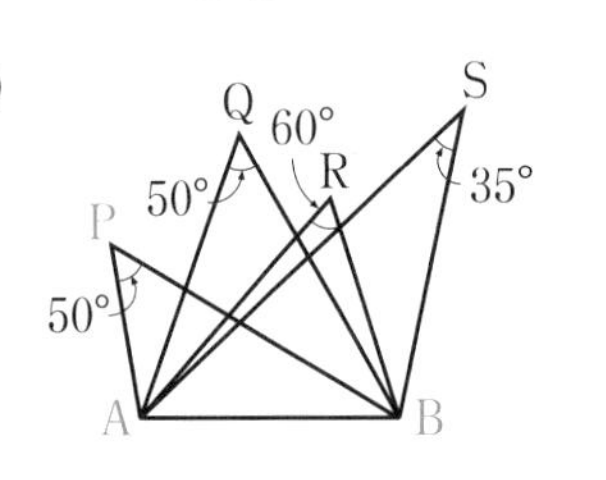

2節 ❶ 円周角の定理の利用

▶ 教 p.178-181　Step 2 ❼-❾

□(8) 右の図で，円O外の点Aから円Oに接線をひくには，①線分AOを[直径]とする円O′をかき，円Oとの交点をP，P′とする。②直線AP，AP′をひく。　(8)

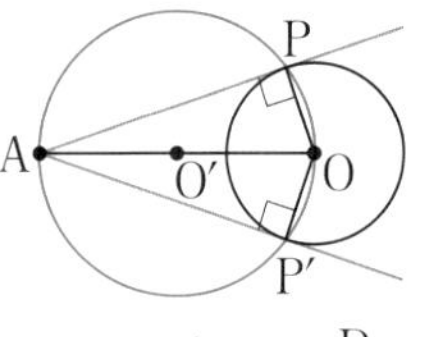

□(9) 右の図で，△ACPと△DBPは，[2組の角]がそれぞれ等しいから　△ACP[∽]△DBP　(9)

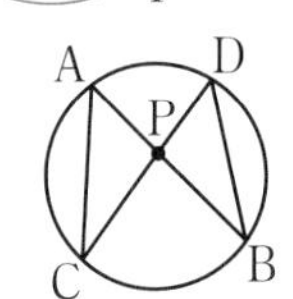

教科書のまとめ　[　]に入るものを答えよう！

□1つの円において，等しい弧に対する 円周角 は等しい。

□**円周角の定理の逆**…4点A，B，P，Qについて，P，Qが直線ABと同じ側にあって，∠APB＝ ∠AQB ならば，この4点は 1つの円周上 にある。

□円外の1点から，その円にひいた2つの 接線 の長さは 等しい 。

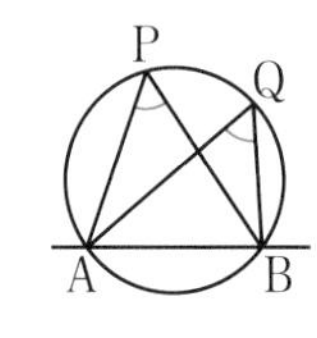

Step 2 予想問題　1節 円周角の定理　2節 円周角の定理の利用

【円周角の定理①】

1 下の図で，$\angle x$ の大きさを求めなさい。

□(1)

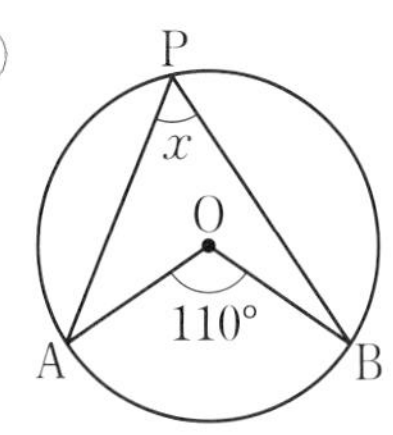

(　　　　)

□(2)

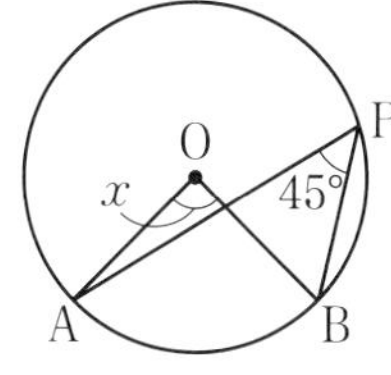

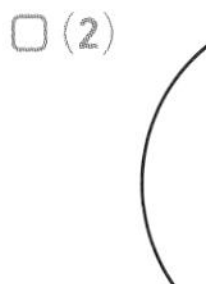

(　　　　)

□(3)

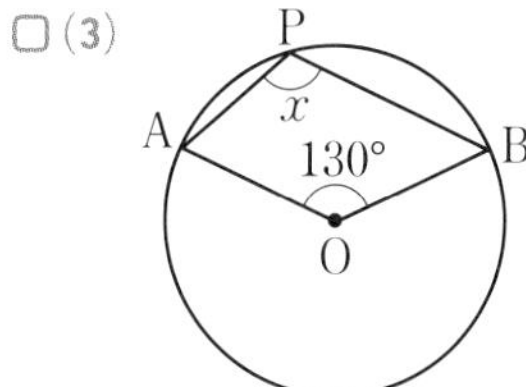

(　　　　)

□(4)

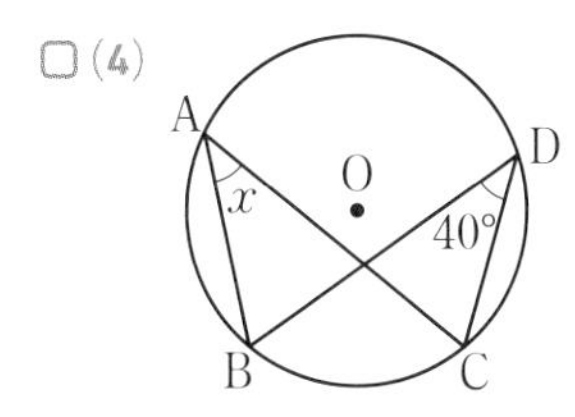

(　　　　)

□(5)

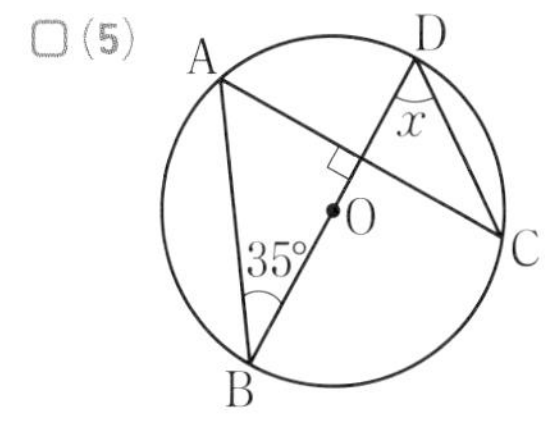

(　　　　)

□(6)

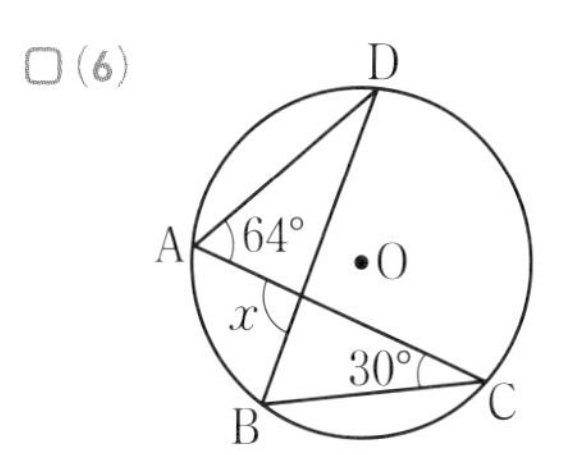

(　　　　)

ヒント

1
円周角の定理を使う。
(5)(6)三角形の内角，外角の性質も使う。

テスト得ダネ
円周角の定理を使う問題はよく出るよ。中心角とその円周角をはっきりさせよう。

【円周角の定理②】

2 右の図のように，円 O の周上に点 A，B，C，D，E があります。次の問に答えなさい。

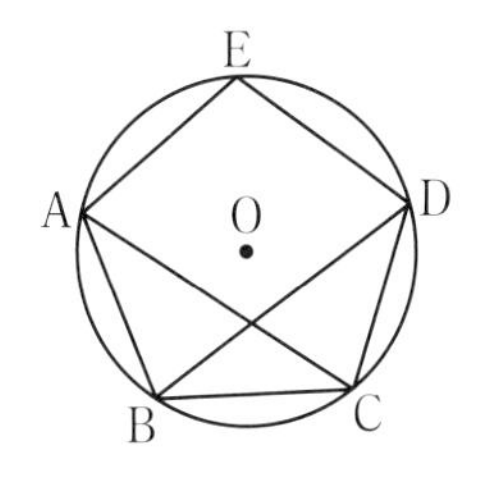

□(1) 点 E を通る $\overset{\frown}{AD}$ に対する円周角をすべて答えなさい。

(　　　　)

□(2) $\angle BOC=70°$，$\angle EOB=170°$ のとき，$\angle CDE$ の大きさを求めなさい。

(　　　　)

2
(1)点 E を通る $\overset{\frown}{AD}$ に対する円周角は 2 つある。

【円周角の定理③】

3 下の図で，x の値を求めなさい。

□(1)

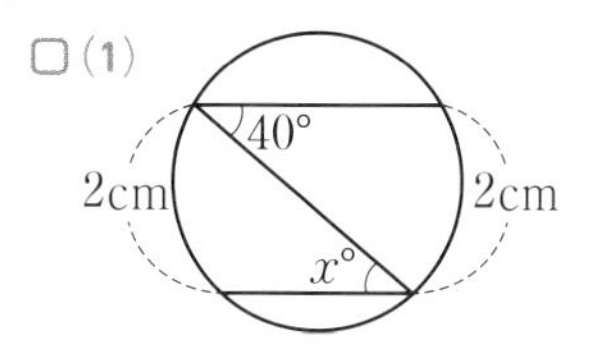

(　　　　)

□(2)

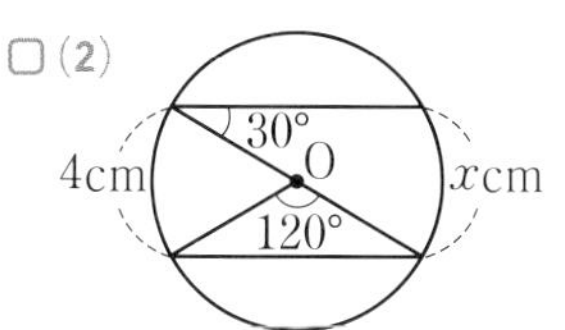

(　　　　)

□(3)

5cm　xcm

(　　　　)

3
円周角と弧の定理を使う。

［解答▶p.23］

【円周角の定理④】

4 右の図のように，1つの円で，弦 AC，BD にはさまれた $\overset{\frown}{AB}$ と $\overset{\frown}{CD}$ の長さが等しくなるように4点 A，B，C，D を円周上にとり，点 B と C，点 A と D をそれぞれ結びます。

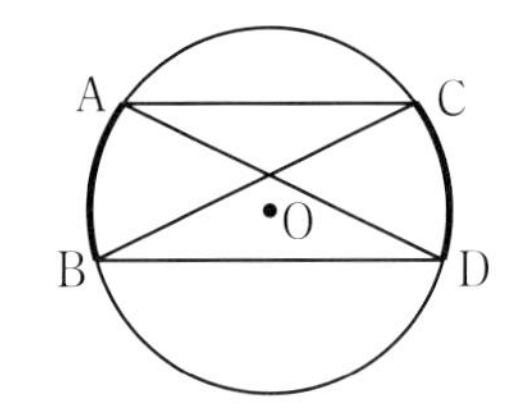

□(1)　∠ACB と等しい角をすべて答えなさい。

(　　　　　　　　　　　　)

□(2)　AC∥BD であることを証明しなさい。

ヒント

4

(1)「等しい弧に対する円周角は等しい」を使う。

(2)

ミスに注意

平行線になるための条件をミスしないように利用しよう。

【円周角の定理の逆①】

よく出る

5 次の図の㋐〜㋒のうち，4点 A，B，C，D が1つの円周上にあるものはどれですか。
□

㋐
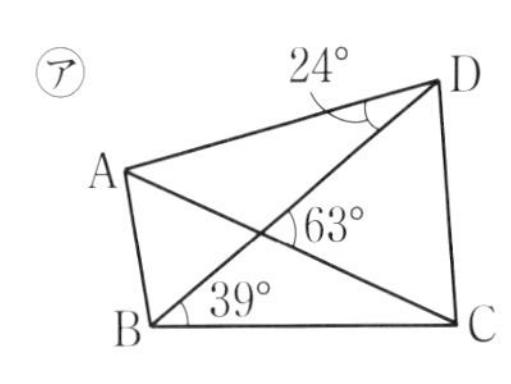

㋑
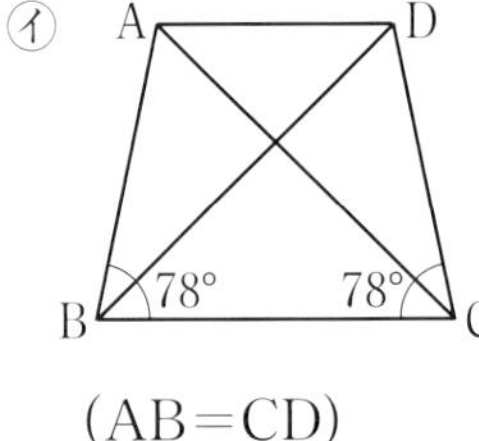

(AB＝CD)

㋒
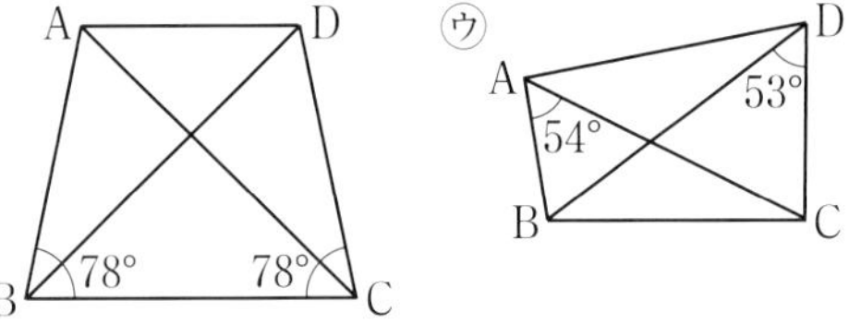

(　　　　　　　　　　　　)

5

等しい角を見つけ，円周角の定理の逆を使う。

㋒∠BAC と ∠BDC が等しくないことに着目する。

【円周角の定理の逆②】

6 右の図の四角形 ABCD で，∠ACB＝∠ADB ならば，∠BAC＝∠BDC，∠ABD＝∠ACD であることを証明しなさい。
□

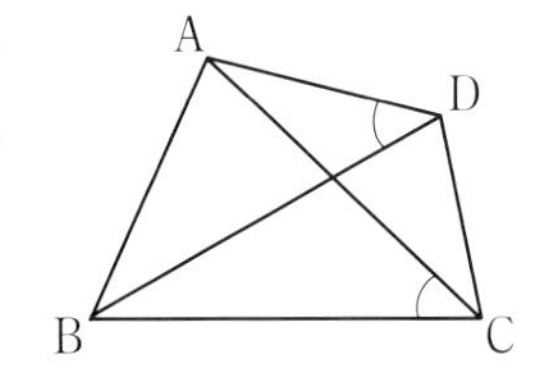

6

まず，4点 A，B，C，D が1つの円周上にあることを証明しておく。

[解答▶p.24]

【円周角の定理の利用①】

7 右の図の △ABC の線分 BC について，点 A と同じ側に，∠BAC＝∠BPC となる △PBC を1つ作図しなさい。

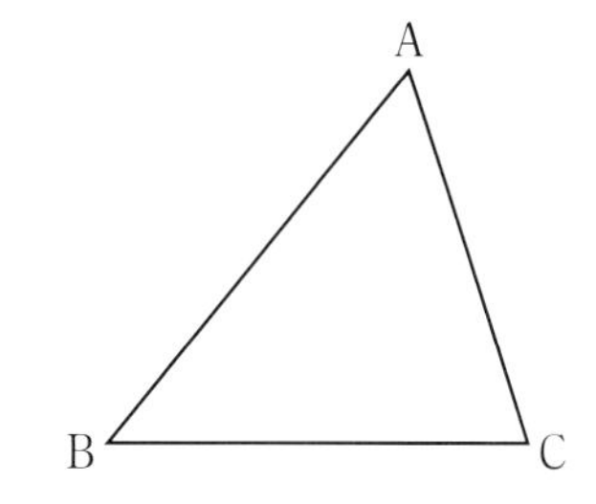

ヒント

7
∠BAC＝∠BPC であるから，4点A，B，C，P は1つの円周上にある。このことから，まず，3点 A，B，C を通る円を作図し，円周角の定理を利用して，∠BAC と大きさの等しい角をつくる。

【円周角の定理の利用②】

8 右の図のように，点 P を通る2つの直線があり，それぞれ円と点 A，B，および，C，D で交わっています。

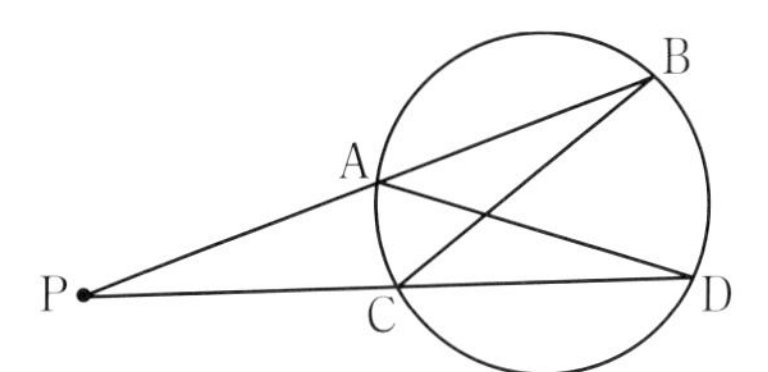

(1) ∠ADC と等しい角を答えなさい。

(　　　　　)

(2) △PAD ∽ △PCB であることを証明しなさい。

8
(2)円周角の定理を使って，2組の角がそれぞれ等しいことをいう。

【円周角の定理の利用③】

9 右の図で，A，B，C は円の周上の点で，∠BAC の二等分線をひき，弦 BC，$\overset{\frown}{BC}$ との交点をそれぞれ D，E とするとき，△ABE ∽ △BDE であることを証明しなさい。

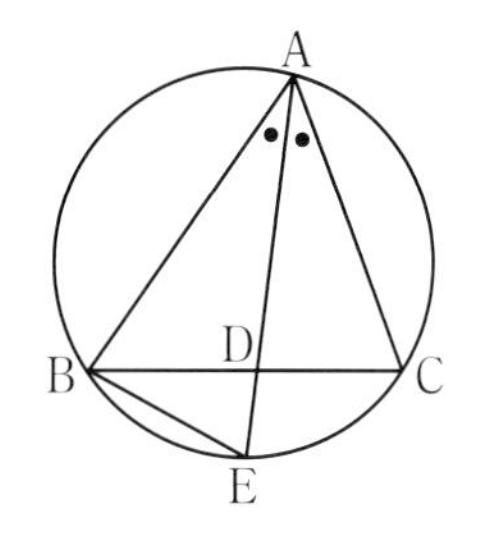

9
円周角の定理より，∠CAE＝∠EBC がわかる。

[解答▶p.24]

Step 3 予想テスト　6章 円

30分　／100点　目標 80点

1 下の図で，$\angle x$ の大きさを求めなさい。知　24点(各6点)

□(1)

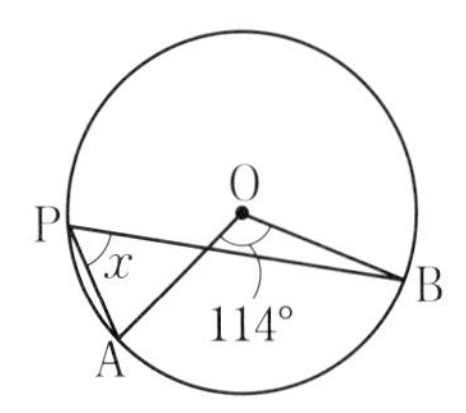

□(2)

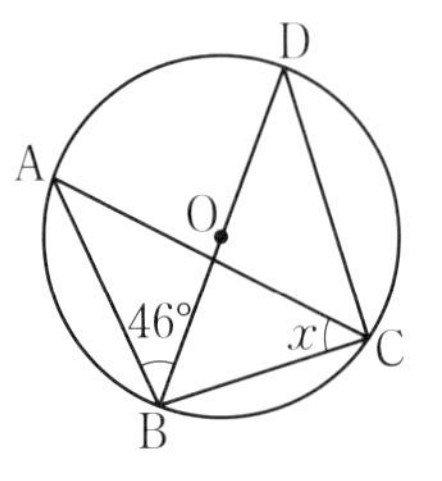

□(3)

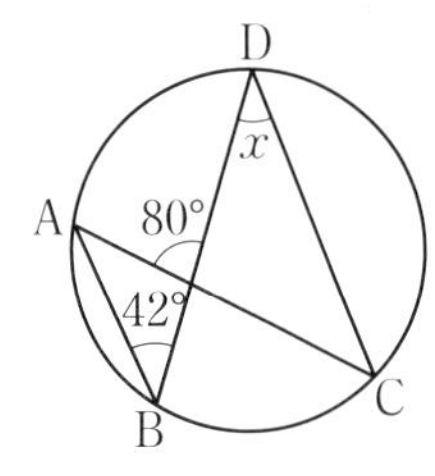

□(4)

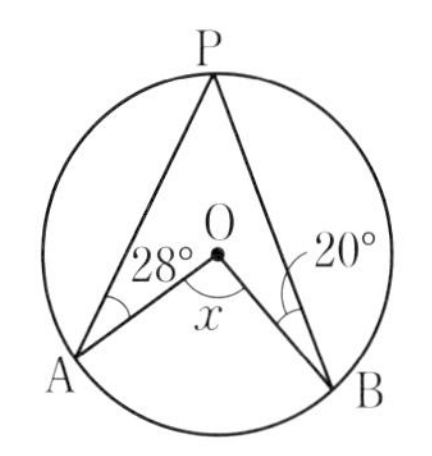

□(5)

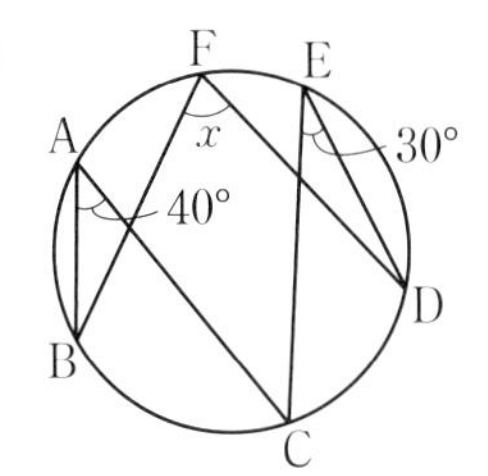

□(6)

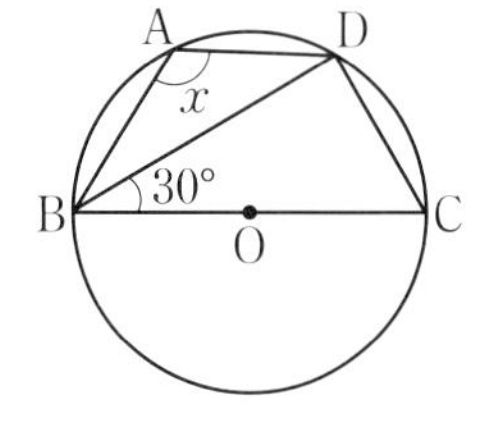

2 右の図で，A，B，C，D，E は，円周を 5 等分する点です。$\angle x$，$\angle y$，$\angle z$ の大きさを，それぞれ求めなさい。知　15点(各5点)

□

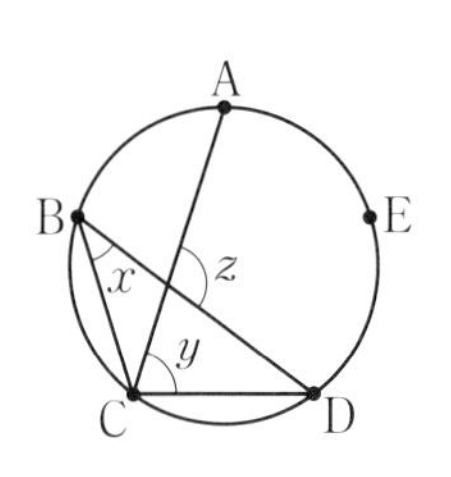

3 次の(1)〜(3)で，4 点 A，B，C，D が 1 つの円周上にあるものには○，そうでないものには×を書きなさい。知　12点(各4点)

□(1)

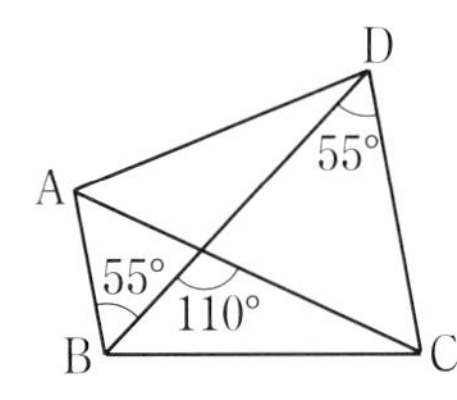

□(2)

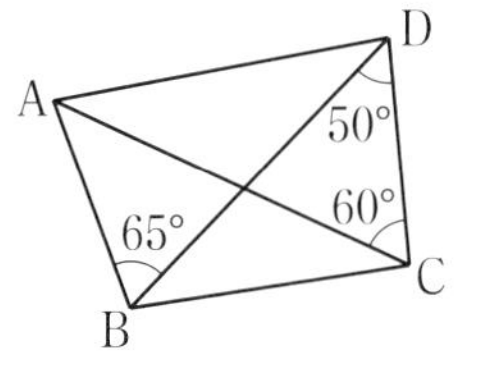

□(3)

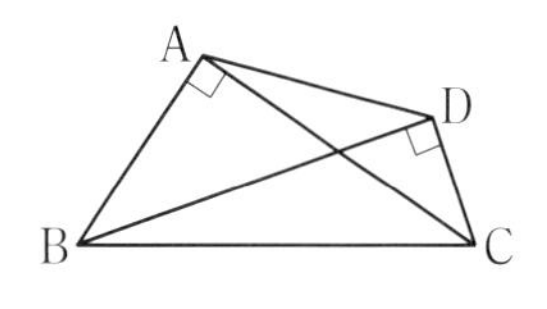

4 右の図のように，$\angle A=60^\circ$ の △ABC と半直線 BX があります。半直線 BX 上に $\angle BPC=60^\circ$ となるような点 P を 1 つ作図によって求めなさい。考　7点

□

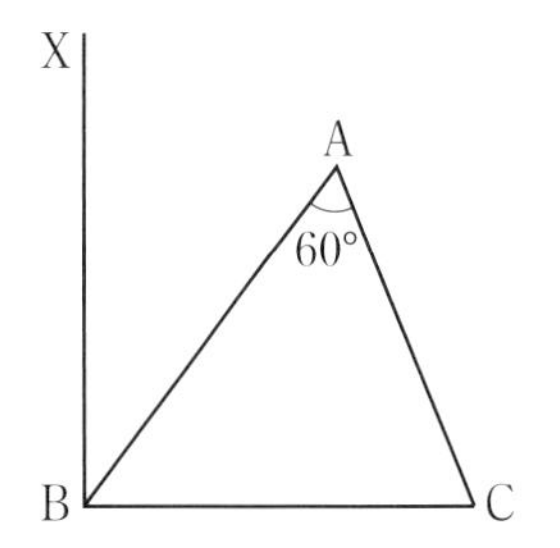

❺ 右の図の四角形 ABCD で，4 つの辺が円 O に点 P，Q，R，S で接しています。知

15 点(各 3 点)

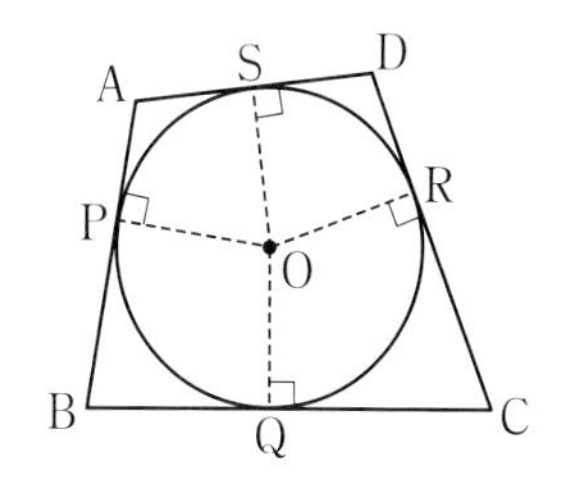

□(1) 線分 AP，BP，CR，DR の長さと等しい線分をそれぞれ答えなさい。

□(2) AD＋BC＝10 のとき，AB＋DC の長さを求めなさい。

❻ 右の図のように，2 つの弦 AB，CD の交点を P とします。知 考

12 点(各 6 点)

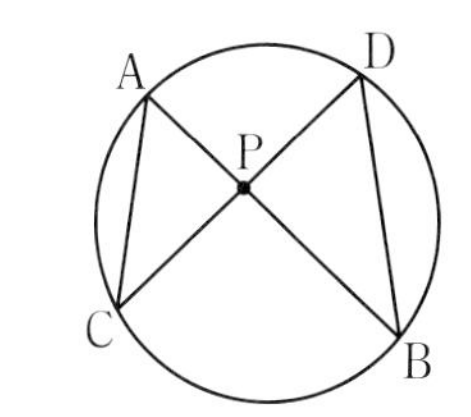

□(1) 相似な三角形を記号 ∽ を使って表しなさい。

□(2) AP＝5 cm，PC＝6 cm，PB＝8 cm のとき，PD の長さを求めなさい。

❼ 右の図のように，2 つの円 O，O′ が 2 点 A，B で交わり，点 B を通る 2 つの直線 CD，EF があります。このとき，△ACD ∽△AEF であることを証明しなさい。考

□ 15 点

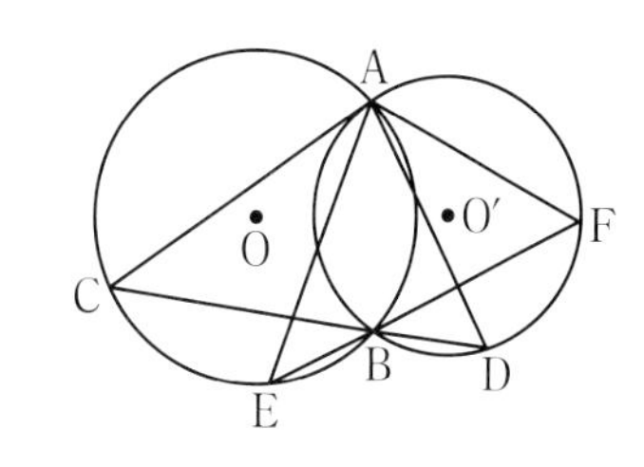

❶	(1)	(2)	(3)
	(4)	(5)	(6)
❷	∠x	∠y	∠z
❸	(1)	(2)	(3)

❹	X A 60° B C

❺	(1)	AP	BP
		CR	DR
	(2)		
❻	(1)		
	(2)		

❼	

Step 1 基本チェック　1節 三平方の定理

15分

教科書のたしかめ　[ ]に入るものを答えよう！

❶ 三平方の定理　▶ 教 p.188-189　Step 2 ❶❷

解答欄

下の図の直角三角形で，x の値を求めなさい。

□(1)

15cm　$x$cm　12cm

斜辺が[15]cm であるから

12^2+[x^2]$=$[15^2]

$x^2=$[81]

$x>$[0]であるから　$x=$[9]

(1)

□(2)

5cm　$x$cm　6cm

斜辺が[6]cm であるから

5^2+[x^2]$=$[6^2]

$x^2=$[11]

$x>$[0]であるから　$x=$[$\sqrt{11}$]

(2)

□(3)

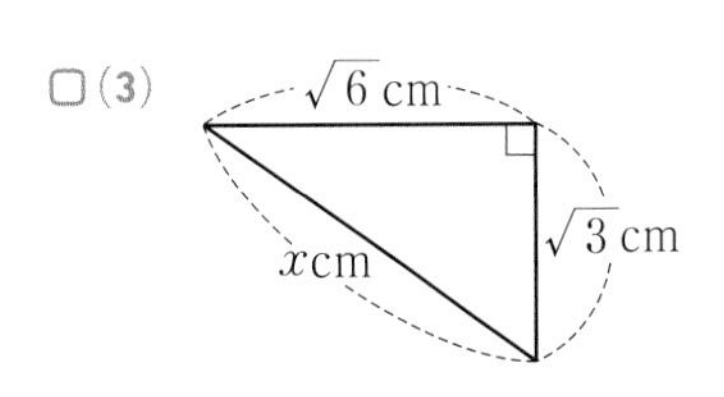

斜辺が[x]cm であるから

$(\sqrt{6})^2+$[$(\sqrt{3})^2$]$=$[x^2]

$6+$[3]$=x^2$　　$x^2=$[9]

$x>$[0]であるから　$x=$[3]

(3)

❷ 三平方の定理の逆　▶ 教 p.190-191　Step 2 ❸

□(4)　次の㋐，㋑の三角形のうち，直角三角形は[㋑]です。

㋐辺の長さが5，9，10 の三角形… $a=5$，$b=9$，$c=10$ とすると

$a^2+b^2=$[5^2+9^2]$=106$　$c^2=$[10^2]$=100$

したがって，直角三角形[ではない]。

㋑辺の長さが2，$\sqrt{5}$，3 の三角形… $a=2$，$b=\sqrt{5}$，$c=3$ とすると

$a^2+b^2=$[$2^2+(\sqrt{5})^2$]$=9$，$c^2=$[3^2]$=9$

したがって，直角三角形[である]。

(4)

教科書のまとめ　＿＿に入るものを答えよう！

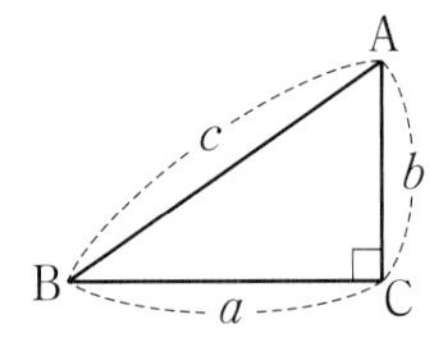

□直角三角形の直角をはさむ2辺の長さを a，b，斜辺の長さを c とすると，a^2+ b^2 $=$ c^2 が成り立つ。

□上の定理を，三平方の定理 という。

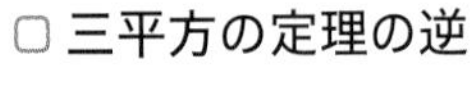

□三平方の定理の逆

三角形の3辺の長さ a，b，c の間に $a^2+b^2=$ c^2 という関係が成り立てば，その三角形は，長さ c の辺を 斜辺 とする 直角三角形 である。

Step 2 予想問題　1節 三平方の定理

【三平方の定理①】

❶ 下の図の直角三角形で，x の値を求めなさい。

□(1)

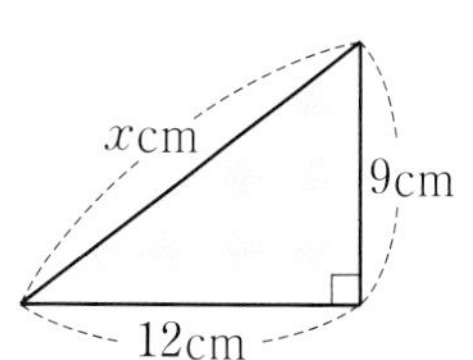

□(2)

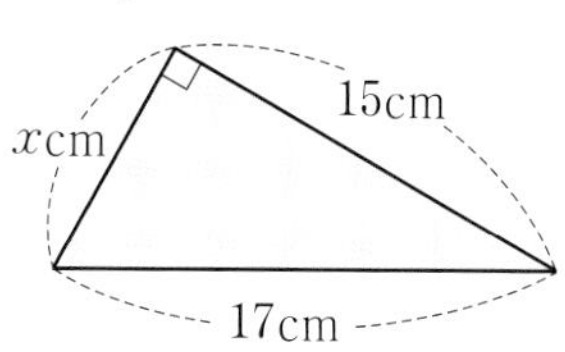

□(3)

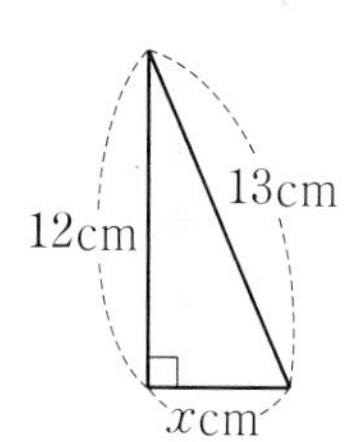

□(4)

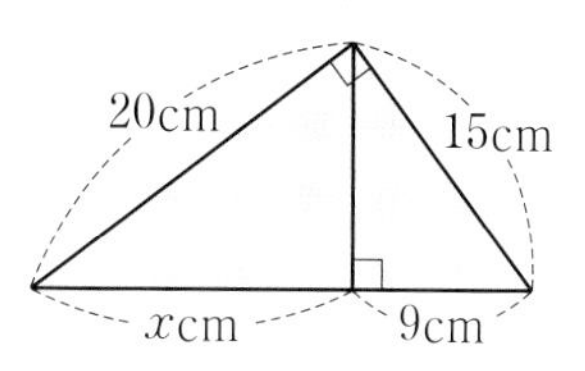

【三平方の定理②】

❷ 直角三角形で，直角をはさむ 2 辺の長さが次のような場合，斜辺の長さを求めなさい。

□(1)　7 cm，6 cm　　□(2)　$4\sqrt{2}$ cm，7 cm

□(3)　$\sqrt{5}$ cm，$\sqrt{7}$ cm　　□(4)　7 cm，24 cm

【三平方の定理の逆】

❸ 次の長さを 3 辺とする㋐～㋕の三角形のうち，直角三角形はどれですか。

□

㋐　5，6，7　　㋑　6，8，11

㋒　$\sqrt{3}$，$\sqrt{7}$，$\sqrt{10}$　　㋓　1.8，2.4，3

㋔　11，60，61　　㋕　3，$3\sqrt{3}$，7

ヒント

❶
三平方の定理にあてはめる。

テスト得ダネ
$a^2+b^2=c^2$ のかわりに，
(斜辺の 2 乗)
＝(残りの 2 辺の 2 乗の和)
と覚えてもいいよ。

❷
直角をはさむ 2 辺を a，b とすると，a^2+b^2 を求める。これが(斜辺)^2 になる。

❸
もっとも長い辺の 2 乗が，残りの辺の 2 乗の和になるものを選ぶ。

ミスに注意
もっとも長い辺をまちがえないようにしよう。

Step 1 基本チェック

2節 三平方の定理の利用

教科書のたしかめ　[　]に入るものを答えよう！

1 三平方の定理の利用

▶ 教 p.194-200　Step 2 1-3

解答欄

□(1) 1辺が5cmの正方形の対角線の長さは[$5\sqrt{2}$]cm

□(2) 1辺が4cmの正三角形ABCの高さを求めなさい。

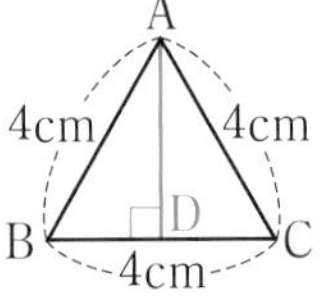

頂点Aから辺BCに垂線ADをひくと，Dは[BC]の中点になる。高さADを$x$cmとすると

$x^2+2^2=$[4^2]

$x^2=16-$[4]$=$[12]　　$x>0$であるから　$x=$[$2\sqrt{3}$]

□(3) 長方形のとなり合った2辺の長さが4cm，8cmであるとき，対角線の長さを求めなさい。

対角線の長さを$x$cmとすると　$x^2=4^2+8^2=$[80]

$x>0$であるから　$x=$[$4\sqrt{5}$]

□(4) 半径が6cmの円Oで，弦ABの長さが10cmのとき，円の中心Oと弦ABとの距離を求めなさい。

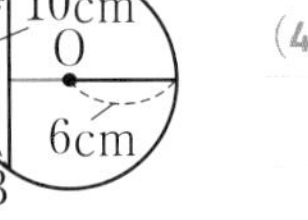

求める距離を$d$cmとすると　$(10\div2)^2+d^2=$[6^2]

$d^2=36-$[25]$=$[11]　　$d>0$であるから　$d=$[$\sqrt{11}$]

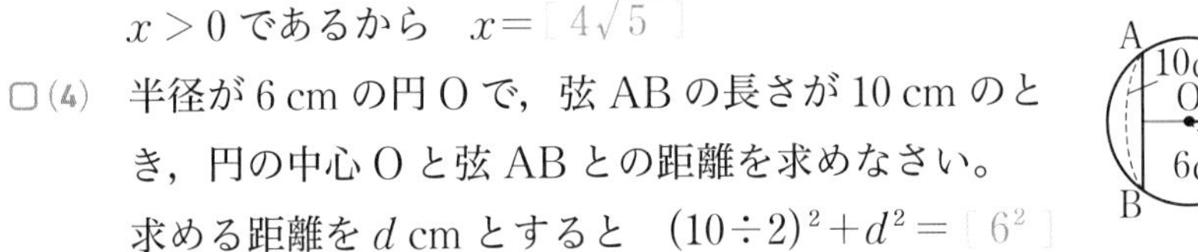

□(5) 母線の長さが9cm，高さが5cmの円錐の体積を求めなさい。

底面の半径を$r$cmとすると　r^2+[5^2]$=9^2$　　$r^2=$[56]

$r>0$であるから　$r=$[$2\sqrt{14}$]

体積は　$\frac{1}{3}\times\pi\times(2\sqrt{14})^2\times$[5]$=$[$\frac{280\pi}{3}$]$(\text{cm}^3)$

□(6) 半径5cmの円の中心Oと13cm離れた点Aから，円Oにひいた接線の長さは，13^2-[5^2]$=$[144]より，[12]cm

2 いろいろな問題

▶ 教 p.203-204　Step 2 4

教科書のまとめ　　に入るものを答えよう！

特別な直角三角形の3辺の比

□3つの角が45°，45°，90°である直角三角形の3辺の長さの比…1：1：$\sqrt{2}$

□3つの角が30°，60°，90°である直角三角形の3辺の長さの比…1：$\sqrt{3}$：2

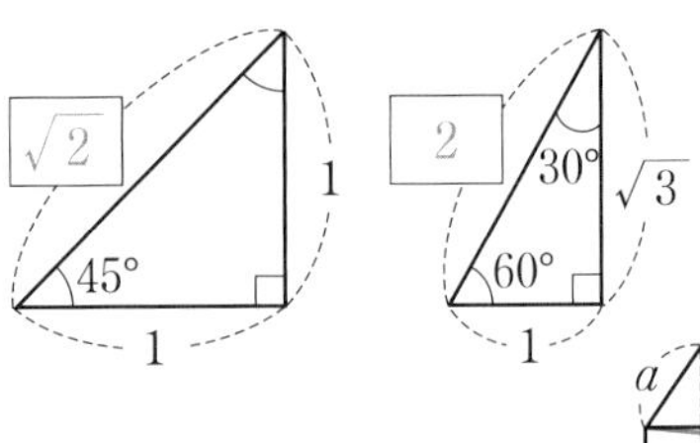

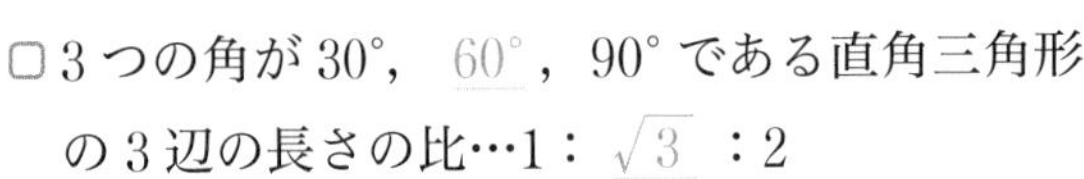

□縦，横，高さが，それぞれa，b，cの直方体の対角線の長さ…$\sqrt{a^2+b^2+c^2}$

Step 2 予想問題　2節 三平方の定理の利用

【三平方の定理の利用①】

1 下の図形の面積を求めなさい。

□(1)

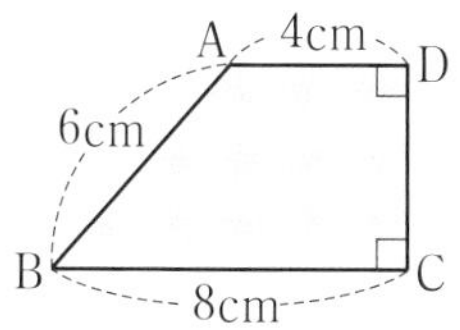

□(2)

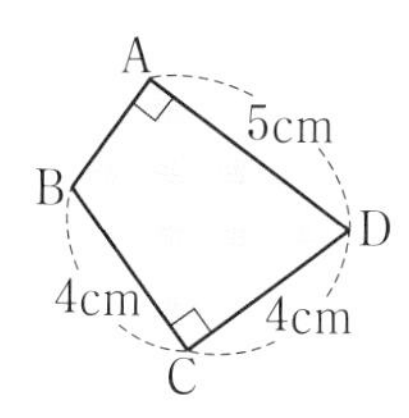

【三平方の定理の利用②】

2 下の図の直角三角形で，x の値を求めなさい。

□(1)

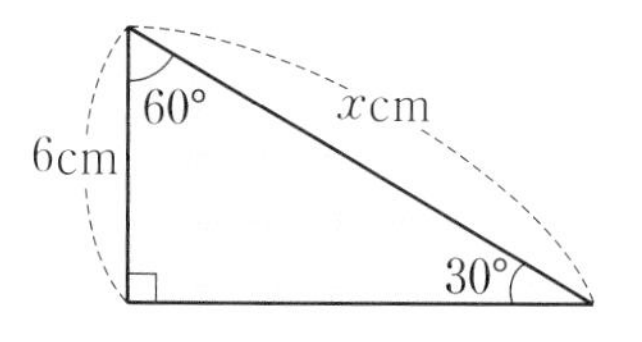

□(2)

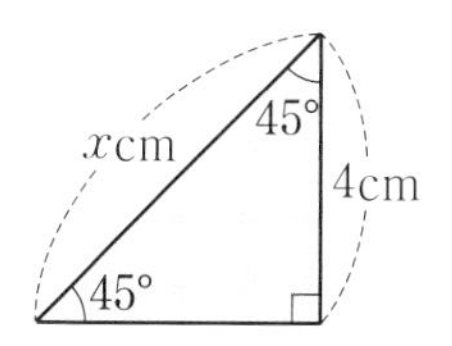

【三平方の定理の利用③】

3 次の長さを求めなさい。

□(1) 2点 A(2, 6), B(−4, −2) の間の距離

□(2) 半径が 7 cm の球を，中心との距離が 3 cm である平面で切ったときの切り口の円の半径

□(3) 1辺の長さが a の立方体の対角線の長さ

□(4) 底面が1辺 8 cm の正方形で，他の辺が 10 cm の正四角錐の高さ

【いろいろな問題】

4 次の問に答えなさい。

□(1) 右の図の直方体に，点Bから辺CGを通って点Hまで糸をかけます。かける糸の長さがもっとも短くなるときの，糸の長さを求めなさい。

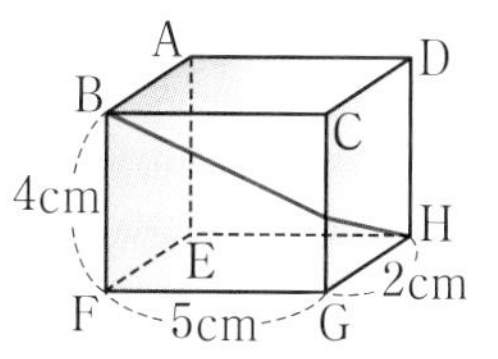

□(2) 右の図は，縦が 6 cm，横が 8 cm の長方形ABCDの紙を，頂点Dが辺BCの中点Mと重なるように折ったものです。CFの長さを求めなさい。

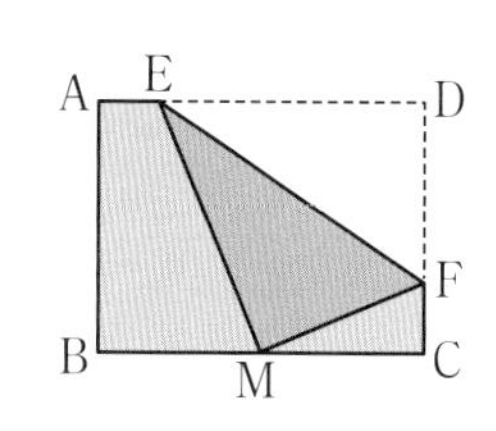

ヒント

1
(1) AからBCに垂線をひき，台形の高さを求める。
(2) BとDを結んで考える。

2
テスト得ダネ
特別な直角三角形を使った問題が多いよ。それぞれの三角形の辺の比は，正確に覚えておこう。

3
(1) 座標を使ってABを斜辺とする直角三角形を考える。
(2) 切り口の円の直径に垂線をひいて考える。
(4) 底面の対角線の長さを求めておく。

4
(1) 展開図で，長さがもっとも短くなるときの糸のようすを考える。
(2) CF＝x cm として，MF を x を使って表す。

Step 3 予想テスト

7章　三平方の定理

30分　　/100点　目標 80点

1 下の図で，x の値を求めなさい。知　　9点(各3点)

□(1)

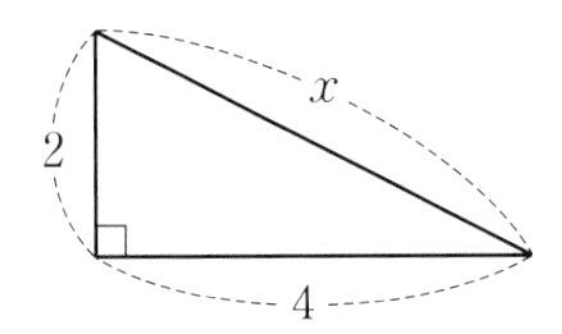

□(2)

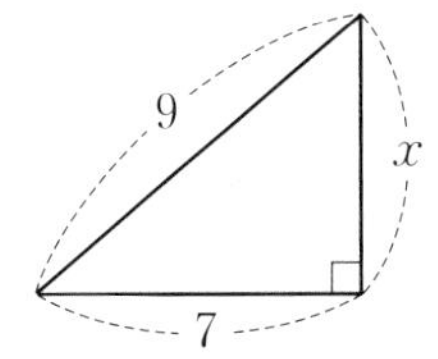

□(3)

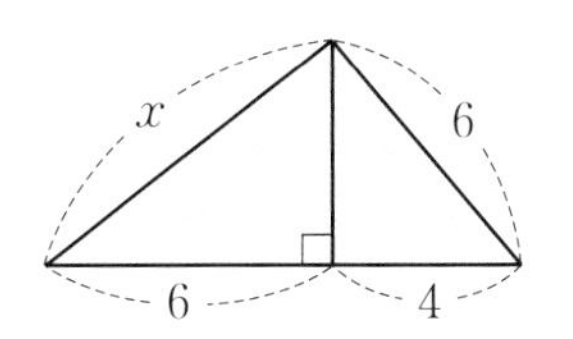

2 次の長さを3辺とする三角形のうち，直角三角形であるものには○，そうでないものには×を書きなさい。知　　12点(各3点)

□(1)　4 cm，5 cm，7 cm

□(2)　0.9 cm，1.2 cm，1.5 cm

□(3)　2 cm，$2\sqrt{3}$ cm，3 cm

□(4)　$\sqrt{2}$ cm，$2\sqrt{2}$ cm，$\sqrt{6}$ cm

3 □ 1組の三角定規を右の図のように組み合わせました。AC＝12 cm のとき，残りの辺 AB，BC，AD，CD の長さを求めなさい。知　　16点(各4点)

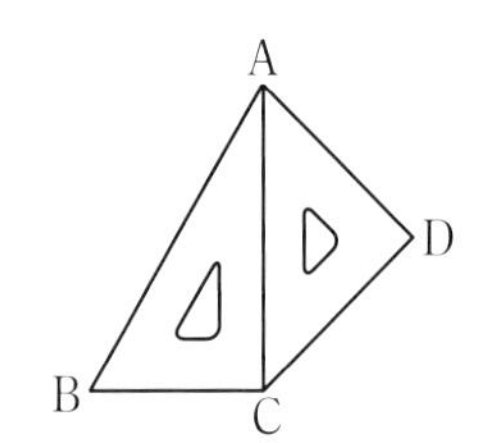

4 次の問に答えなさい。知　　12点(各4点)

□(1)　1辺が 8 cm の正三角形の面積を求めなさい。

□(2)　右の図で，A，B は，関数 $y=\frac{1}{2}x^2$ のグラフ上の点で，x 座標はそれぞれ 4 と -2 です。線分 AB の長さを求めなさい。

□(3)　半径 9 cm の円 O で，中心からの距離が 3 cm である弦 AB の長さを求めなさい。

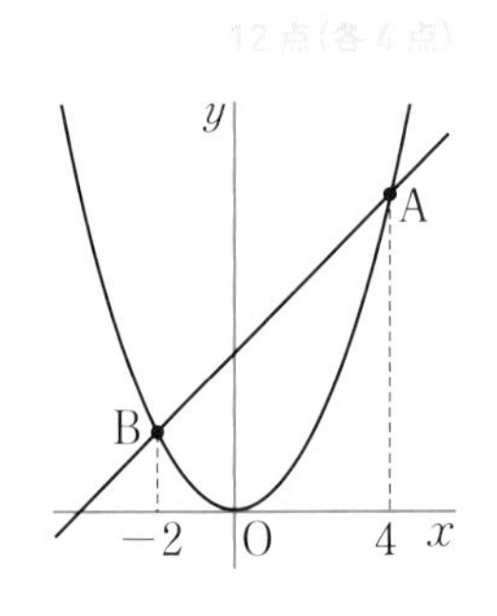

5 右の図の △ABC について，次の問に答えなさい。知　　16点(各4点)

□(1)　BH＝x として，△ABH と △ACH で三平方の定理を使い，AH^2 をそれぞれ x を使って表しなさい。

□(2)　(1)で求めた式から，x の値を求めなさい。

□(3)　AH の長さを求めなさい。

□(4)　△ABC の面積を求めなさい。

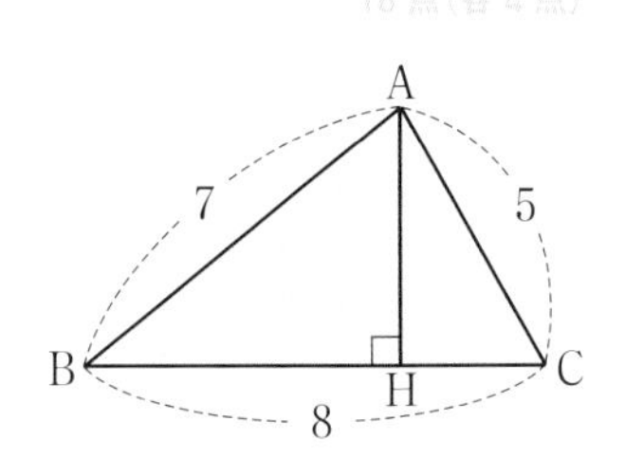

❻ 次の問に答えなさい。考　　12点(各4点)

□(1) 右の図の直方体で，M は辺 DH の中点です。線分 BM の長さを求めなさい。

□(2) (1)の直方体に，点 B から辺 CG を通って点 H まで糸をかけます。かける糸の長さがもっとも短くなるときの，糸の長さを求めなさい。

□(3) 底面が 1 辺 4 cm の正方形で，他の辺が 5 cm の正四角錐の体積を求めなさい。

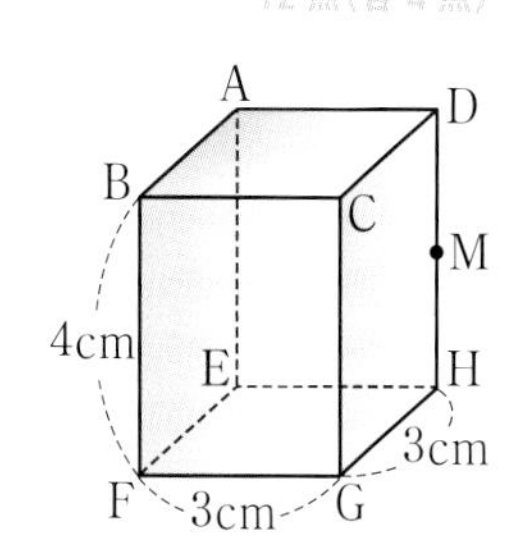

❼ 半径 4 cm の円 O の中心から 8 cm の距離に点 A があります。A から円 O にひいた接線の長さを求めなさい。考　　5点

□

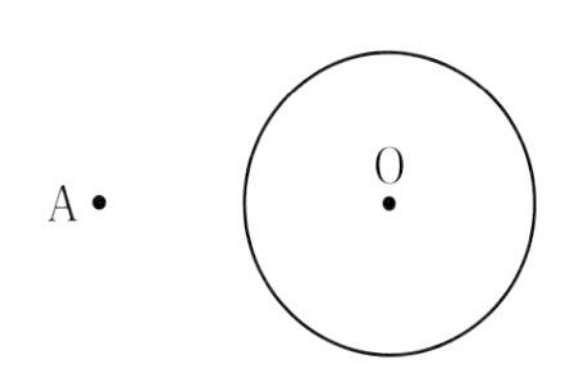

❽ 右の図のように，縦が 6 cm，横が 9 cm の長方形 ABCD の紙を，対角線 BD を折り目として折ります。考　　18点(各6点)

□(1) ∠DBC と等しい角をすべて答えなさい。

□(2) (1)から，△FBD がどんな三角形かを考え，AF＝x cm として，BF の長さを x を使って表しなさい。

□(3) AF の長さを求めなさい。

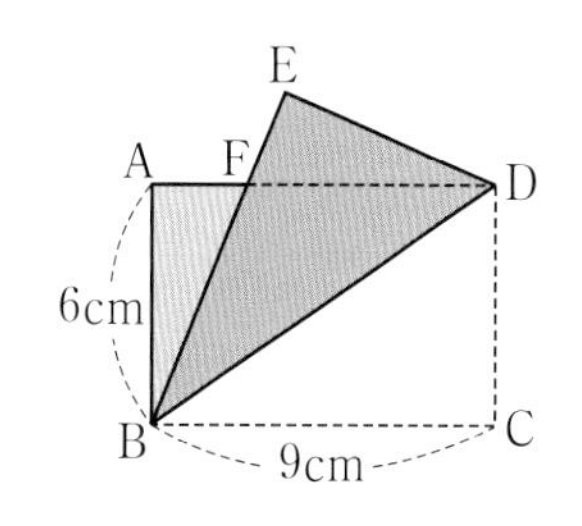

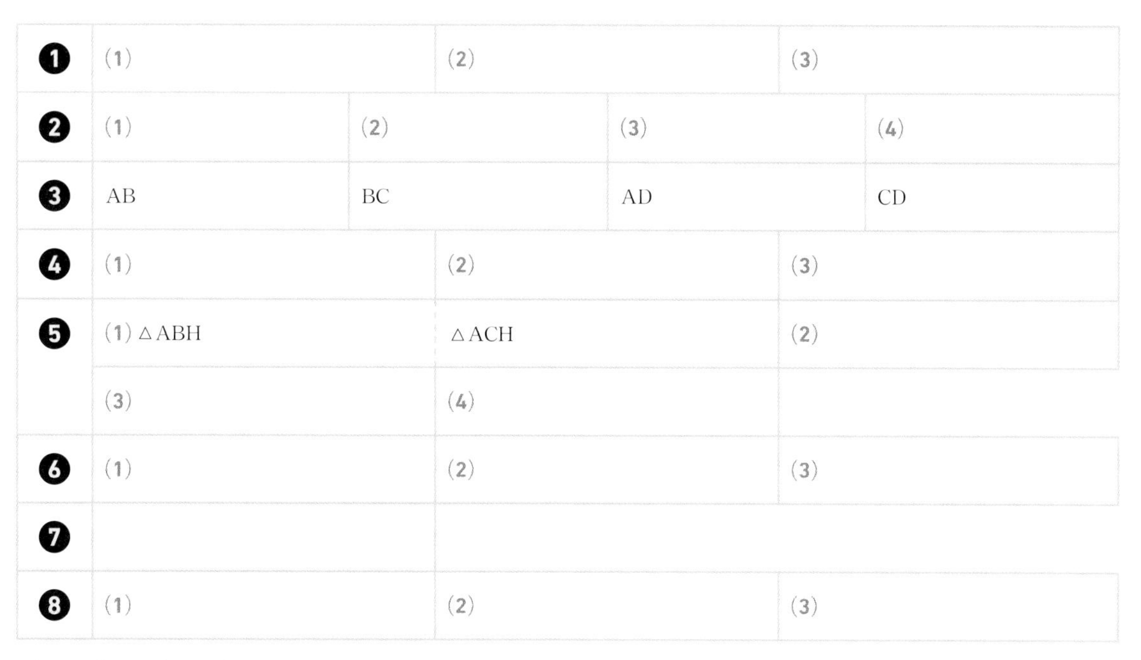

❶	(1)	(2)	(3)	
❷	(1)	(2)	(3)	(4)
❸	AB	BC	AD	CD
❹	(1)	(2)	(3)	
❺	(1) △ABH	△ACH	(2)	
	(3)	(4)		
❻	(1)	(2)	(3)	
❼				
❽	(1)	(2)	(3)	

/9点 ❷ /12点 ❸ /16点 ❹ /12点 ❺ /16点 ❻ /12点 ❼ /5点 ❽ /18点

7章

Step 1 基本チェック　1節 標本調査

15分

教科書のたしかめ　[ ]に入るものを答えよう！

❶ 標本調査　▶ 教 p.212-217　Step 2 ❶-❸

解答欄

次の(1)～(4)の調査は，全数調査，標本調査のどちらですか。

- □(1) ある中学校での健康診断…[全数調査]　(1)
- □(2) ある会社で製作したボールペンの品質検査…[標本調査]　(2)
- □(3) 国が行う国勢調査…[全数調査]　(3)
- □(4) ある新聞社が行う世論調査…[標本調査]　(4)
- □(5) ある中学校の夏休み中の読書量の調査で，標本の選び方として適切なものを2つ選びなさい。　答 [㋑]と[㋔]　(5)

　㋐ 男子だけを選ぶ。　㋑ くじで選ぶ。

　㋒ ある1学級全員を選ぶ。　㋓ ある地域の人だけを選ぶ。

　㋔ 出席番号が5の倍数の人だけを選ぶ。

❷ 標本調査の利用　▶ 教 p.218-219　Step 2 ❹

- □(6) ある中学校3年生300人の中から，無作為に50人を抽出したら，虫歯のない生徒は24人でした。3年生全体では，虫歯のない生徒はおよそ何人と考えられますか。　(6)

$\frac{24}{50}=\left[\frac{12}{25}\right]$ であるから，およそ $[300]\times\frac{12}{25}=[144]$ (人)

教科書のまとめ　[ ]に入るものを答えよう！

- □調査の対象となっている集団全部について調査することを 全数調査 という。
- □集団の一部分を調査して，集団全体の傾向を推測する調査を 標本調査 という。
- □標本調査を行うとき，傾向を知りたい集団全体を 母集団 といい，母集団の一部分として取り出して実際に調べたものを 標本 という。また，取り出したデータの個数を， 標本の大きさ という。
- □かたよりのないように，母集団から標本を取り出すことを 無作為に抽出する という。
- □数を無作為に抽出する方法

　ア 乱数さい を使う。……正二十面体の各面に，0から9までの数字を2回ずつ書きこんださいころ

　イ 乱数 表を使う。………0から9までの数字を不規則に並べた表

　ウ コンピューター の表計算ソフトを使う。

Step 2 予想問題　1節 標本調査

1ページ 30分

【標本調査①】

❶ 次の㋐〜㋓の調査は，全数調査，標本調査のどちらですか。標本調査が適切であるものを答えなさい。

㋐ 学校での学力検査　　㋑ ジュース会社の品質検査

㋒ 全国の米の収穫量の予想　　㋓ 会社での健康診断

(　　　　)

【標本調査②】

❷ ある町で，中学3年生全員2564人を対象に数学のテストを行い，その中から100人を無作為に抽出して，その平均点を調べました。

(1) 母集団，標本はそれぞれ何ですか。

母集団 (　　　　)

標本 (　　　　)

(2) 標本の大きさを答えなさい。

(　　　　)

【標本調査③】

❸ ある学校の中学3年生について，数学のテストの成績を調べることにしました。全部で3クラス，130名の生徒の中から標本を選んで調べます。標本の選び方として適切なのは，次のどれですか。すべて答えなさい。

㋐ あるクラスの全員を選ぶ。

㋑ 出席番号が4の倍数の人だけを選ぶ。

㋒ 男子だけを選ぶ。

㋓ くじ引きで40人を選ぶ。

(　　　　)

【標本調査の利用】

❹ ある工場で作った製品の中から，150個の製品を無作為に抽出して調べたところ，不良品が2個ありました。この工場で1万個の製品を作ったら，およそ何個の不良品があると考えられますか。

(　　　　)

ヒント

❶
集団の一部分を調べて，集団全体の傾向を推測することができるかを考える。
㋑全数調査をすると品物がなくなる。

❷
(2)母集団の一部分として取り出したデータの個数を，標本の大きさという。

❸
かたよりのないように選ぶ方法を答える。

テスト得ダネ
かたよりのないように選ぶには，無作為に抽出しなければならない。この無作為とは偶然にまかせるという意味だ。

❹
不良品の割合は，無作為に抽出した標本と母集団では，ほぼ等しいと考えることができる。

8章

Step 3 予想テスト　8章 標本調査

20分　／50点　目標 40点

❶ 次のそれぞれの調査は，全数調査，標本調査のどちらですか。知　16点(各4点)

□(1) ある中学校3年生の進路調査　□(2) ある選挙の出口調査

□(3) ある高校で行う入学試験　□(4) ある湖にいる魚の数の調査

❷ 次の文章で，正しいものには○，正しくないものには × を書きなさい。知　9点(各3点)

□(1) 標本を無作為に抽出すれば，標本の傾向と母集団の傾向はほぼ同じである。

□(2) 日本人のある1日のテレビの視聴時間を調べるために，ある中学校の生徒全員の調査をし，その結果をまとめた。

□(3) 標本調査を行うとき，母集団の一部分の取り出し方によっては，標本と母集団の傾向が大きくちがってくることがある。

❸ ある都市の有権者 92357 人の中から，2000 人を選び出して世論調査を行いました。知　9点(各3点)

□(1) 母集団は何ですか。　□(2) 標本は何ですか。

□(3) 標本の大きさを答えなさい。

点UP

❹ 次の問に答えなさい。考　16点(各8点)

□(1) あさがおの種が1000個あります。発芽率を調べるために20個を同じ場所に植えて発芽数を調べたら17個でした。1000個の種を植えると，およそ何個発芽すると考えられますか。

□(2) 袋の中に同じ大きさの黒球がたくさん入っています。その数を数える代わりに，同じ大きさの白球100個を黒球の入っている袋の中に入れ，よくかき混ぜた後，その中から100個取り出したところ，白球が15個ふくまれていました。袋の中の黒球の個数を計算し，十の位を四捨五入して答えなさい。

❶	(1)	(2)	(3)	(4)
❷	(1)	(2)	(3)	
❸	(1)	(2)	(3)	
❹	(1)	(2)		

❶ ／16点　❷ ／9点　❸ ／9点　❹ ／16点

[解答 ▶ p.32]

成績評価の観点　知…数量や図形などについての知識・技能　考…数学的な思考・判断・表現

キリトリ線

テスト前 ☑ やることチェック表

① まずはテストの目標をたてよう。頑張ったら達成できそうなちょっと上のレベルを目指そう。
② 次にやることを書こう（「ズバリ英語〇ページ，数学〇ページ」など）。
③ やり終えたら□に✓を入れよう。
　最初に完ぺきな計画をたてる必要はなく，まずは数日分の計画をつくって，
　その後追加・修正していっても良いね。

目標

	日付	やること1	やること2
2週間前	／	□	□
	／	□	□
	／	□	□
	／	□	□
	／	□	□
	／	□	□
	／	□	□
1週間前	／	□	□
	／	□	□
	／	□	□
	／	□	□
	／	□	□
	／	□	□
	／	□	□
テスト期間	／	□	□
	／	□	□
	／	□	□
	／	□	□
	／	□	□

QRコードのページに登録すると，「ぴたリンク」からも表をダウンロードできるよ

テスト前 ☑ やることチェック表

① まずはテストの目標をたてよう。頑張ったら達成できそうなちょっと上のレベルを目指そう。
② 次にやることを書こう（「ズバリ英語○ページ，数学○ページ」など）。
③ やり終えたら□に✓を入れよう。
最初に完ぺきな計画をたてる必要はなく，まずは数日分の計画をつくって，
その後追加・修正していっても良いね。

目標

	日付	やること 1	やること 2
2週間前	/	□	□
	/	□	□
	/	□	□
	/	□	□
	/	□	□
	/	□	□
	/	□	□
1週間前	/	□	□
	/	□	□
	/	□	□
	/	□	□
	/	□	□
	/	□	□
	/	□	□
テスト期間	/	□	□
	/	□	□
	/	□	□
	/	□	□
	/	□	□

QRコードのページに登録すると，「ぴたリンク」からも表をダウンロードできるよ

東京書籍版 数学3年 | 定期テスト ズバリよくでる | 解答集

1章 多項式

1節 多項式の計算

p.3-4 Step 2

❶ (1) $15x^2-30xy$ (2) $-48a^2+16ab$
(3) $4xy-y$ (4) $12x-8y$
(5) $17x^2+22x$ (6) $4a^2-13a$

解き方 分配法則を使う。

(1) $5x(3x-6y)=5x\times3x-5x\times6y=15x^2-30xy$

(2) $-8a(6a-2b)=-8a\times6a-(-8a)\times2b$
$=-48a^2+16ab$

(3) $(4x^2y-xy)\div x=(4x^2y-xy)\times\dfrac{1}{x}$
$=\dfrac{4x^2y}{x}-\dfrac{xy}{x}=4xy-y$

(4) $(9xy-6y^2)\div\dfrac{3}{4}y=(9xy-6y^2)\times\dfrac{4}{3y}$
$=\dfrac{9xy\times4}{3y}-\dfrac{6y^2\times4}{3y}=12x-8y$

(5) $2x(x+6)+5x(3x+2)$
$=2x^2+12x+15x^2+10x=17x^2+22x$

(6) $7a(2a-3)-2a(5a-4)$
$=14a^2-21a-10a^2+8a=4a^2-13a$

❷ (1) $xy+3x-8y-24$
(2) $6x^2+13x-5$
(3) $7a^2-27ab-4b^2$
(4) $3a^2-5ab-4a+10b-4$

解き方 $(a+b)(c+d)=ac+ad+bc+bd$ を使う。

(1) $(x-8)(y+3)=xy+3x-8y-24$
（図：xy, $3x$, $-8y$, -24）

(2) $(2x+5)(3x-1)=6x^2-2x+15x-5$
$=6x^2+13x-5$

(3) $(7a+b)(a-4b)=7a^2-28ab+ab-4b^2$
$=7a^2-27ab-4b^2$

(4) $(a-2)(3a-5b+2)$
$=a(3a-5b+2)-2(3a-5b+2)$
$=3a^2-5ab+2a-6a+10b-4$
$=3a^2-5ab-4a+10b-4$

❸ (1) x^2+5x+4 (2) x^2+x-30
(3) a^2-5a+6 (4) $y^2-\dfrac{1}{2}y-\dfrac{3}{16}$

解き方 次の乗法公式[1]を使う。

[1] $(x+a)(x+b)=x^2+(a+b)x+ab$

(1) $(x+1)(x+4)=x^2+(1+4)x+1\times4$
$=x^2+5x+4$

(2) $(x+6)(x-5)=x^2+\{6+(-5)\}x+6\times(-5)$
$=x^2+x-30$

(3) $(a-3)(a-2)$
$=a^2+\{(-3)+(-2)\}a+(-3)\times(-2)=a^2-5a+6$

(4) $\left(y-\dfrac{3}{4}\right)\left(y+\dfrac{1}{4}\right)$
$=y^2+\left\{\left(-\dfrac{3}{4}\right)+\dfrac{1}{4}\right\}y+\left(-\dfrac{3}{4}\right)\times\dfrac{1}{4}$
$=y^2-\dfrac{1}{2}y-\dfrac{3}{16}$

❹ (1) x^2+4x+4 (2) $x^2-12x+36$
(3) $a^2+10a+25$ (4) $x^2-\dfrac{3}{2}x+\dfrac{9}{16}$

解き方 次の乗法公式[2], [3]を使う。

[2] $(x+a)^2=x^2+2ax+a^2$

[3] $(x-a)^2=x^2-2ax+a^2$

(1) $(x+2)^2=x^2+2\times2\times x+2^2=x^2+4x+4$

(2) $(x-6)^2=x^2-2\times6\times x+6^2=x^2-12x+36$

(3) $(a+5)^2=a^2+2\times5\times a+5^2=a^2+10a+25$

(4) $\left(x-\dfrac{3}{4}\right)^2=x^2-2\times\dfrac{3}{4}\times x+\left(\dfrac{3}{4}\right)^2$
$=x^2-\dfrac{3}{2}x+\dfrac{9}{16}$

❺ (1) x^2-y^2 (2) x^2-36
(3) $x^2-\dfrac{1}{4}$ (4) $49-x^2$

解き方 次の乗法公式4を使う。

4 $(x+a)(x-a)=x^2-a^2$

(2) $(x+6)(x-6)=x^2-6^2=x^2-36$

(3) $\left(x+\frac{1}{2}\right)\left(x-\frac{1}{2}\right)=x^2-\left(\frac{1}{2}\right)^2=x^2-\frac{1}{4}$

(4) $(7-x)(x+7)=(7-x)(7+x)=7^2-x^2=49-x^2$

❻ (1) $4x^2+14x+10$　(2) $36x^2+12x+1$

(3) $x^2-4xy+4y^2$　(4) $9a^2-16b^2$

(5) $a^2-2ab+b^2-36$

(6) $x^2-2xy+y^2+10x-10y+25$

解き方 (1) $(2x+5)(2x+2)$

$=(2x)^2+(5+2)\times2x+5\times2=4x^2+14x+10$

(2) $(6x+1)^2=(6x)^2+2\times1\times6x+1^2$

$=36x^2+12x+1$

(3) $(x-2y)^2=x^2-2\times2y\times x+(2y)^2$

$=x^2-4xy+4y^2$

(4) $3a$, $4b$ をそれぞれ 1 つの文字とみて，公式4を使うと，

$(3a+4b)(3a-4b)=(3a)^2-(4b)^2=9a^2-16b^2$

(5) $a-b$ を X とおくと

$(a-b-6)(a-b+6)=(X-6)(X+6)$

$=X^2-36=(a-b)^2-36$

$=a^2-2ab+b^2-36$

(6) $x-y$ を X とおくと

$(x-y+5)^2=(X+5)^2$

$=X^2+10X+25=(x-y)^2+10(x-y)+25$

$=x^2-2xy+y^2+10x-10y+25$

❼ (1) $2x^2+9x+5$　(2) x^2+11

解き方 (1) $(x+3)^2+(x-1)(x+4)$

$=(x^2+6x+9)+(x^2+3x-4)$

$=x^2+6x+9+x^2+3x-4=2x^2+9x+5$

(2) $2(x+2)(x-1)-(x-3)(x+5)$

$=2(x^2+x-2)-(x^2+2x-15)$

$=2x^2+2x-4-x^2-2x+15=x^2+11$

2 節 因数分解

3 節 式の計算の利用

p.6-7 Step 2

❶ (1) $6a(x+1)$　(2) $x(2y-1)$

(3) $4ab(2a-b)$　(4) $5xy(5x-2y+1)$

解き方 共通な因数をかっこの外にくくり出して，因数分解する。

(1) $6ax=2\times3\times a\times x$, $6a=2\times3\times a$であるから

$6ax+6a=6a(x+1)$

(2) $2xy=2\times x\times y$　であるから

$2xy-x=x(2y-1)$

(3) $8a^2b=2\times2\times2\times a\times a\times b$

$4ab^2=2\times2\times a\times b\times b$　であるから

$8a^2b-4ab^2=4ab(2a-b)$

(4) $25x^2y=5\times5\times x\times x\times y$

$10xy^2=2\times5\times x\times y\times y$

$5xy=5\times x\times y$　であるから

$25x^2y-10xy^2+5xy=5xy(5x-2y+1)$

❷ (1) $(x+2)(x+4)$　(2) $(x-3)(x-7)$

(3) $(a+4)(a-5)$　(4) $(a+7)(a-8)$

(5) $(y-2)(y+9)$　(6) $(x-1)(x-2)$

解き方 次の因数分解の公式1′を使う。

1′ $x^2+(a+b)x+ab=(x+a)(x+b)$

(1) 2 つの数の積が 8 になる数の組のうち，和が 6 になるのは 2 と 4 であるから

$x^2+6x+8=(x+2)(x+4)$

(2) 2 つの数の積が 21 になる数の組のうち，和が -10 になるのは -3 と -7 であるから

$x^2-10x+21=(x-3)(x-7)$

(3) 2 つの数の積が -20 になる数の組のうち，和が -1 になるのは 4 と -5 であるから

$a^2-a-20=(a+4)(a-5)$

(4) 2 つの数の積が -56 になる数の組のうち，和が -1 になるのは 7 と -8 であるから

$a^2-a-56=(a+7)(a-8)$

(5) 2 つの数の積が -18 になる数の組のうち，和が 7 になるのは -2 と 9 であるから

$y^2+7y-18=(y-2)(y+9)$

(6) 2 つの数の積が 2 になる数の組のうち，和が -3 になるのは -1 と -2 であるから

$x^2-3x+2=(x-1)(x-2)$

3 (1) $(x+8)^2$　(2) $(x+3)(x-3)$

(3) $(x-12)^2$　(4) $(5+x)(5-x)$

(5) $\left(x+\frac{7}{6}\right)\left(x-\frac{7}{6}\right)$　(6) $\left(x+\frac{1}{2}\right)^2$

解き方 次の因数分解の公式[2]′～[4]′ を使う。

[2]′ $x^2+2ax+a^2=(x+a)^2$

[3]′ $x^2-2ax+a^2=(x-a)^2$

[4]′ $x^2-a^2=(x+a)(x-a)$

(1) 公式[2]′ を利用して

$x^2+16x+64=x^2+2\times8\times x+8^2=(x+8)^2$

(2) 公式[4]′ を利用して

$x^2-9=x^2-3^2=(x+3)(x-3)$

(3) $24=2\times12$，$144=12^2$ であるから，公式[3]′ を利用して

$x^2-24x+144=x^2-2\times12\times x+12^2=(x-12)^2$

(4) 公式[4]′ を利用して

$25-x^2=5^2-x^2=(5+x)(5-x)$

(5) 公式[4]′ を利用して

$x^2-\frac{49}{36}=x^2-\left(\frac{7}{6}\right)^2=\left(x+\frac{7}{6}\right)\left(x-\frac{7}{6}\right)$

(6) $1=2\times\frac{1}{2}$，$\frac{1}{4}=\left(\frac{1}{2}\right)^2$ であるから，公式[2]′ を利用して

$x^2+x+\frac{1}{4}=x^2+2\times\frac{1}{2}\times x+\left(\frac{1}{2}\right)^2=\left(x+\frac{1}{2}\right)^2$

4 (1) $4(y+1)^2$　(2) $3y(x-3)(x-5)$

(3) $2a(b-2)(b+5)$　(4) $(3a+5b)(3a-5b)$

(5) $(5x-1)^2$

(6) $(x+y-3)(x+y+5)$

(7) $(a-1)^2$　(8) $(4b+1)(2b-3)$

解き方 まず，共通な因数がないか考える。

(1) $4y^2+8y+4$

$=4(y^2+2y+1)$　←共通な因数をくくり出す。

$=4(y+1)^2$　←かっこの中を因数分解する。

(2) $3x^2y-24xy+45y=3y(x^2-8x+15)$

$=3y\{x^2+(-3-5)x+(-3)\times(-5)\}$

$=3y(x-3)(x-5)$

(3) $2ab^2+6ab-20a=2a(b^2+3b-10)$

$=2a\{b^2+(-2+5)b+(-2)\times5\}$

$=2a(b-2)(b+5)$

(4) $9a^2-25b^2$

$=(3a)^2-(5b)^2=(3a+5b)(3a-5b)$

(5) $25x^2-10x+1$

$=(5x)^2-2\times1\times5x+1^2=(5x-1)^2$

(6) $(x+y)^2+2(x+y)-15$

$=A^2+2A-15$　← $x+y$ を A とおく。

$=(A-3)(A+5)$　←因数分解する。

$=(x+y-3)(x+y+5)$　← A を $x+y$ にもどす。

(7) $(a+3)^2-8(a+3)+16$

$=A^2-8A+16$　← $a+3$ を A とおく。

$=(A-4)^2=(a+3-4)^2=(a-1)^2$

(8) $(3b-1)^2-(b+2)^2$

$=A^2-B^2$　← $3b-1$ を A，$b+2$ を B とおく。

$=(A+B)(A-B)$

$=\{(3b-1)+(b+2)\}\{(3b-1)-(b+2)\}$

$=(3b-1+b+2)(3b-1-b-2)$

$=(4b+1)(2b-3)$

5 (1) 896　(2) 2601

(3) 87025　(4) 100

解き方 乗法公式や因数分解の公式を使うと，簡単に計算できる。

(1) $28\times32=(30-2)\times(30+2)$

$=30^2-2^2=900-4=896$

(2) $51^2=(50+1)^2$

$=50^2+2\times1\times50+1^2$

$=2500+100+1=2601$

(3) $295^2=(300-5)^2=300^2-2\times5\times300+5^2$

$=90000-3000+25=87025$

(4) $26^2-24^2=(26+24)\times(26-24)=50\times2=100$

6 400

解き方 $x^2-2xy+y^2=(x-y)^2$

$=(37-17)^2=20^2=400$

❼ $400x$ cm^2

解き方 1 辺が x cm 長い正方形の 1 辺の長さを x を使って表すと $(100+x)$ cm であるから，面積は

$(100+x)(100+x)=(100+x)^2$(cm^2)

1 辺が x cm 短い正方形の 1 辺の長さを x を使って表すと $(100-x)$ cm であるから，面積は

$(100-x)(100-x)=(100-x)^2$(cm^2)

よって，面積の差は

$(100+x)^2-(100-x)^2$

$=\{(100+x)+(100-x)\}\{(100+x)-(100-x)\}$

$=(100+x+100-x)(100+x-100+x)$

$=200\times2x=400x$(cm^2)

❽ 3 つの続いた整数は，真ん中の数を n とすると，$n-1$，n，$n+1$ と表される。

この真ん中の数を 2 乗して 1 をひくと

$n^2-1=(n+1)(n-1)$

よって，真ん中の数を 2 乗して 1 をひくと，両端の数の積と等しくなる。

解き方 n^2-1 を公式[4]′ を利用して因数分解する。

[4]′ $x^2-a^2=(x+a)(x-a)$

p.8-9 Step ❸

❶ (1) $8x^2+20x$ (2) $-2x^2-3x$ (3) $4a-2b$ (4) $-5a^2+8a$

❷ (1) $ab-7a+2b-14$ (2) $x^2-5x-24$ (3) $x^2-18x+81$ (4) a^2-16 (5) $b^2+b+\frac{1}{4}$ (6) $y^2+8yz-9z^2$ (7) $9x^2-30xy+25y^2$ (8) $15x^2+20xy-36x-8y+12$ (9) $a^2-2ab+b^2-9$

❸ (1) $2a^2-9a+10$ (2) $3x^2-2x-26$

❹ (1) $4y(2x-1)$ (2) $(a+3)(a+5)$ (3) $(x-8)^2$ (4) $(4x+3y)(4x-3y)$ (5) $(x-3)(x-8)$ (6) $4x(y+2)(y-5)$

❺ (1) $(a-4)(a-5)$ (2) $(x-9)^2$ (3) $(x+2)(5x+2)$

❻ (1) 9984 (2) 480 (3) 10404

❼ 解き方参照

❽ (1) $\ell=4x+4a$ (2) 解き方参照

解き方

❶ (1) $2x(4x+10)=2x\times4x+2x\times10=8x^2+20x$

(3) $(12a^2b-6ab^2)\div3ab=(12a^2b-6ab^2)\times\frac{1}{3ab}$

$=\frac{12a^2b}{3ab}-\frac{6ab^2}{3ab}=4a-2b$

(4) $3a(a+4)-4a(2a+1)=3a^2+12a-8a^2-4a$

$=-5a^2+8a$

❷ (1) $(a+2)(b-7)=a(b-7)+2(b-7)$

$=ab-7a+2b-14$

(2) $(x-8)(x+3)=x^2+\{(-8)+3\}x+(-8)\times3$

$=x^2-5x-24$

(3) $(x-9)^2=x^2-2\times9\times x+9^2=x^2-18x+81$

(6) $(y-z)(y+9z)=y^2+9yz-yz-9z^2$

$=y^2+8yz-9z^2$

(7) $(3x-5y)^2=(3x)^2-2\times5y\times3x+(5y)^2$

$=9x^2-30xy+25y^2$

(8) $(5x-2)(3x+4y-6)$

$=5x(3x+4y-6)-2(3x+4y-6)$

$=15x^2+20xy-30x-6x-8y+12$

$=15x^2+20xy-36x-8y+12$

(9) $a-b$ を A とおくと

$(a-b-3)(a-b+3)=(A-3)(A+3)=A^2-3^2$

$=(a-b)^2-9=a^2-2ab+b^2-9$

❸ (2) $(2x-5)(2x+5)-(x+1)^2$

$=4x^2-25-(x^2+2x+1)=3x^2-2x-26$

❹ (1) $4y$ が共通因数だから

$8xy-4y=4y(2x-1)$

(2) 2 つの数の積が 15 になる数の組のうち，和が 8 になるのは 3 と 5 であるから

$a^2+8a+15=(a+3)(a+5)$

(3) $x^2-16x+64=x^2-2\times8\times x+8^2=(x-8)^2$

(4) $16x^2-9y^2=(4x)^2-(3y)^2=(4x+3y)(4x-3y)$

(5) 2 つの数の積が 24 になる数の組のうち，和が -11 になるのは -3 と -8 であるから

$x^2-11x+24=(x-3)(x-8)$

(6) $4xy^2-12xy-40x=4x(y^2-3y-10)$

$=4x(y+2)(y-5)$

❺ (1) $a+3$ を A とおくと

$(a+3)^2-15(a+3)+56=A^2-15A+56$

$=(A-7)(A-8)=(a+3-7)(a+3-8)$

$=(a-4)(a-5)$

(2) $x-5=A$ とおくと

$(x-5)^2-8(x-5)+16=A^2-8A+16$

$=(A-4)^2=(x-5-4)^2=(x-9)^2$

(3) $x+2$ を A とおくと

$4x(x+2)+(x+2)^2=4xA+A^2=A(4x+A)$

$=(x+2)(4x+x+2)=(x+2)(5x+2)$

❻ (1) $96\times104=(100-4)\times(100+4)=100^2-4^2$

$=10000-16=9984$

(2) $43^2-37^2=(43+37)(43-37)=80\times6=480$

(3) $102^2=(100+2)^2=100^2+2\times2\times100+2^2$

$=10000+400+4=10404$

❼ 3 つの続いた整数は，真ん中の数を n とすると，$n-1$，n，$n+1$ と表される。

この小さいほうの 2 つの数の積と大きいほうの 2 つの数の積の和は

$(n-1)\times n+n\times(n+1)=n^2-n+n^2+n=2n^2$

となる。

よって，真ん中の数の平方の 2 倍になる。

❽ (1) 右の図より

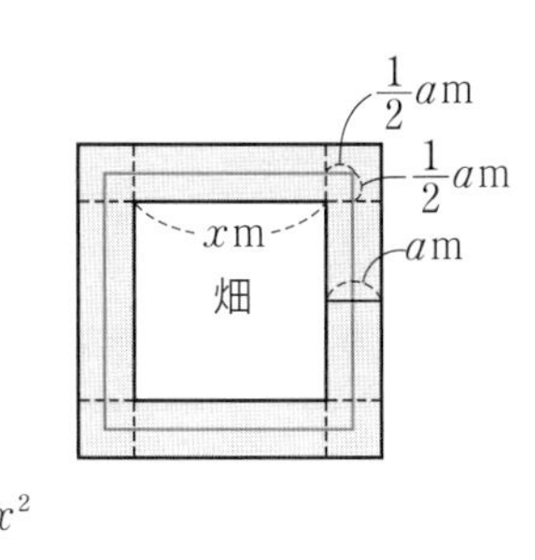

$\ell=x\times4+\frac{1}{2}a\times8$

$=4x+4a$

(2) 右の図より

$S=(x+2a)^2-x^2$

$=x^2+4ax+4a^2-x^2$

$=4ax+4a^2$ ……①

(1) より　$a\ell=a(4x+4a)=4ax+4a^2$ ……②

①，②より　$S=a\ell$

2章 平方根

1節 平方根

p.11-12 Step 2

❶ (1) ± 2　(2) ± 13　(3) $\pm \frac{4}{5}$

(4) $\pm \frac{12}{7}$　(5) ± 0.3　(6) ± 0.8

解き方 2乗すると a になる数を，a の平方根という。

(4) $\left(\frac{12}{7}\right)^2 = \frac{144}{49}$，$\left(-\frac{12}{7}\right)^2 = \frac{144}{49}$ より，

$\frac{144}{49}$ の平方根は，$\frac{12}{7}$ と $-\frac{12}{7}$ である。

❷ (1) $\pm\sqrt{7}$　(2) $\pm\sqrt{0.5}$　(3) $\pm\sqrt{\frac{7}{15}}$

解き方 $a>0$ のとき，a の2つの平方根のうち，

正のほうを $\sqrt{a}$，負のほうを $-\sqrt{a}$ と書く。

❸ (1) 15　(2) -8　(3) 4

(4) $\frac{3}{4}$　(5) -1　(6) -9

解き方 (3) $\sqrt{(-4)^2} = \sqrt{16} = 4$

(5) $-\sqrt{1} = -\sqrt{1^2} = -1$

❹ (1) 3　(2) 11　(3) $\frac{3}{4}$

解き方 a を正の数とするとき，

$(\sqrt{a})^2 = a$，$(-\sqrt{a})^2 = a$

(2) $(-\sqrt{11})^2 = (-\sqrt{11}) \times (-\sqrt{11}) = 11$

(3) $\left(\sqrt{\frac{3}{4}}\right)^2 = \sqrt{\frac{3}{4}} \times \sqrt{\frac{3}{4}} = \frac{3}{4}$

❺ (1) $\sqrt{10} < \sqrt{14}$　(2) $\sqrt{37} > 6$

(3) $4 < \sqrt{20} < 5$　(4) $-2 < -\sqrt{3} < -\sqrt{\frac{1}{2}}$

解き方 2乗して，大小を調べる。

(1) $10 < 14$ であるから，$\sqrt{10} < \sqrt{14}$

(2) $(\sqrt{37})^2 = 37$，$6^2 = 36$ で，$37 > 36$ であるから

$\sqrt{37} > \sqrt{36}$

すなわち　$\sqrt{37} > 6$

(3) $5^2 = 25$，$4^2 = 16$，$(\sqrt{20})^2 = 20$ で，

$16 < 20 < 25$ であるから $\sqrt{16} < \sqrt{20} < \sqrt{25}$

すなわち　$4 < \sqrt{20} < 5$

(4) $(-\sqrt{3})^2 = 3$，　$(-2)^2 = 4$，　$\left(-\sqrt{\frac{1}{2}}\right)^2 = \frac{1}{2}$　で，

$\frac{1}{2} < 3 < 4$ であり，負の数は，絶対値が大きいほど

小さいから　$-\sqrt{4} < -\sqrt{3} < -\sqrt{\frac{1}{2}}$

すなわち　$-2 < -\sqrt{3} < -\sqrt{\frac{1}{2}}$

❻ π，$\sqrt{15}$

解き方 $\pi = 3.141592\cdots$ より，分数で表すことができないから，無理数である。

$\sqrt{n}$（n は自然数）が無理数かどうかを調べるには，n が自然数の2乗になっているかどうか調べればよい。

$\sqrt{4}$ については　$4 = 2 \times 2 = 2^2$

したがって，$\sqrt{4} = 2$ となり，$\sqrt{4}$ は有理数である。

$\sqrt{15}$ については　$15 = 3 \times 5$

したがって，15は自然数の2乗になっていないから，$\sqrt{15}$ は無理数である。

❼ (1) ×　(2) ×　(3) ○　(4) ×

解き方 (1) $\sqrt{(-3)^2} = \sqrt{9} = 3$

(2) 正の数には平方根が2つあり，絶対値が等しく，符号が異なるから，4の平方根は ± 2

(3) $\sqrt{0.01} = \sqrt{(0.1)^2} = 0.1$

(4) 負の数には平方根はない。

❽ B

解き方 $3 < 4$ であるから $\sqrt{3} < \sqrt{4} = 2$

負の数だから，$-2 < -\sqrt{3}$　よって，-2 より大きい負の数だから，B

❾ $\frac{1}{3}$，$\frac{1}{6}$，$\frac{1}{7}$

解き方 $\frac{1}{2} = 0.5$，$\frac{1}{3} = 0.333\cdots$，$\frac{1}{4} = 0.25$，$\frac{1}{5} = 0.2$，

$\frac{1}{6} = 0.1666\cdots$，$\frac{1}{7} = 0.14285714\cdots$

2節 根号をふくむ式の計算

3節 平方根の利用

p.14-15 Step 2

1 (1) $\sqrt{15}$　(2) $-\sqrt{30}$　(3) 6
(4) $\sqrt{2}$　(5) $\sqrt{7}$　(6) -4

解き方 (1) $\sqrt{3}\times\sqrt{5}=\sqrt{3\times5}=\sqrt{15}$
(2) $(-\sqrt{5})\times\sqrt{6}=-\sqrt{5\times6}=-\sqrt{30}$
(3) $\sqrt{2}\times\sqrt{18}=\sqrt{2\times18}=\sqrt{36}=6$
(4) $\dfrac{\sqrt{10}}{\sqrt{5}}=\sqrt{\dfrac{10}{5}}=\sqrt{2}$
(5) $\dfrac{\sqrt{21}}{\sqrt{3}}=\sqrt{\dfrac{21}{3}}=\sqrt{7}$
(6) $\sqrt{96}\div(-\sqrt{6})=-\sqrt{\dfrac{96}{6}}=-\sqrt{16}=-4$

2 (1) $\sqrt{12}$　(2) $\sqrt{54}$　(3) $\sqrt{125}$
(4) $\sqrt{108}$　(5) $10\sqrt{3}$　(6) $7\sqrt{5}$

解き方 (1) $2\sqrt{3}=\sqrt{2^2\times3}=\sqrt{12}$
(2) $3\sqrt{6}=\sqrt{3^2\times6}=\sqrt{54}$
(3) $5\sqrt{5}=\sqrt{5^2\times5}=\sqrt{125}$
(4) $6\sqrt{3}=\sqrt{6^2\times3}=\sqrt{108}$
(5) $\sqrt{300}=\sqrt{10^2\times3}=10\sqrt{3}$
(6) $\sqrt{245}=\sqrt{7^2\times5}=7\sqrt{5}$

3 (1) $\dfrac{\sqrt{11}}{9}$　(2) $\dfrac{\sqrt{3}}{100}$

解き方 (1) $\sqrt{\dfrac{11}{81}}=\dfrac{\sqrt{11}}{\sqrt{81}}=\dfrac{\sqrt{11}}{9}$
(2) $\sqrt{0.0003}=\sqrt{\dfrac{3}{10000}}=\dfrac{\sqrt{3}}{\sqrt{10000}}=\dfrac{\sqrt{3}}{\sqrt{100^2}}=\dfrac{\sqrt{3}}{100}$

4 (1) 22.36　(2) 223.6　(3) 0.02236

解き方 (1) $\sqrt{500}=\sqrt{100\times5}=\sqrt{10^2\times5}$
$=10\sqrt{5}=10\times2.236=22.36$
(2) $\sqrt{50000}=\sqrt{10000\times5}=\sqrt{100^2\times5}=100\sqrt{5}$
$=100\times2.236=223.6$
(3) $\sqrt{0.0005}=\sqrt{\dfrac{5}{10000}}=\dfrac{\sqrt{5}}{\sqrt{10000}}$
$=\dfrac{\sqrt{5}}{\sqrt{100^2}}=\dfrac{\sqrt{5}}{100}=\dfrac{2.236}{100}=0.02236$

5 (1) $\dfrac{\sqrt{15}}{5}$　(2) $\dfrac{3\sqrt{3}}{4}$　(3) $\dfrac{\sqrt{6}}{3}$

解き方 (1) $\dfrac{\sqrt{3}}{\sqrt{5}}=\dfrac{\sqrt{3}\times\sqrt{5}}{\sqrt{5}\times\sqrt{5}}=\dfrac{\sqrt{15}}{5}$
(2) $\dfrac{9}{4\sqrt{3}}=\dfrac{9\times\sqrt{3}}{4\sqrt{3}\times\sqrt{3}}=\dfrac{9\sqrt{3}}{4\times3}=\dfrac{3\sqrt{3}}{4}$
(3) $\dfrac{2\sqrt{3}}{\sqrt{18}}=\dfrac{2\sqrt{3}}{\sqrt{3^2\times2}}=\dfrac{2\sqrt{3}}{3\sqrt{2}}$
$=\dfrac{2\sqrt{3}\times\sqrt{2}}{3\sqrt{2}\times\sqrt{2}}=\dfrac{2\times\sqrt{6}}{3\times2}=\dfrac{\sqrt{6}}{3}$

6 (1) $6\sqrt{10}$　(2) $40\sqrt{3}$　(3) $\dfrac{4\sqrt{5}}{5}$

解き方 (1) $\sqrt{18}\times\sqrt{20}=3\sqrt{2}\times2\sqrt{5}=6\sqrt{10}$
(2) $4\sqrt{5}\times2\sqrt{15}=4\times2\times\sqrt{5}\times\sqrt{15}$
$=8\times\sqrt{5\times15}=8\times\sqrt{5\times5\times3}=8\times\sqrt{5^2\times3}$
$=8\times\sqrt{5^2}\times\sqrt{3}=40\sqrt{3}$
(3) $\sqrt{112}\div\sqrt{35}=\sqrt{4^2\times7}\div\sqrt{35}=\dfrac{4\sqrt{7}}{\sqrt{35}}$
$=\dfrac{4\sqrt{7}}{\sqrt{5}\times\sqrt{7}}=\dfrac{4}{\sqrt{5}}=\dfrac{4\times\sqrt{5}}{\sqrt{5}\times\sqrt{5}}=\dfrac{4\sqrt{5}}{5}$

7 (1) $9\sqrt{3}$　(2) $8\sqrt{5}$　(3) $4\sqrt{3}$
(4) $-2\sqrt{6}+5\sqrt{7}$　(5) $6\sqrt{7}$　(6) $\dfrac{\sqrt{3}}{6}$

解き方 (5) $\sqrt{63}+\dfrac{21}{\sqrt{7}}=\sqrt{3^2\times7}+\dfrac{21\times\sqrt{7}}{\sqrt{7}\times\sqrt{7}}$
$=3\sqrt{7}+\dfrac{21\times\sqrt{7}}{7}=3\sqrt{7}+3\sqrt{7}=6\sqrt{7}$
(6) $\dfrac{3}{2\sqrt{3}}-\dfrac{\sqrt{6}}{3\sqrt{2}}=\dfrac{3\times\sqrt{3}}{2\sqrt{3}\times\sqrt{3}}-\dfrac{\sqrt{6}\times\sqrt{2}}{3\sqrt{2}\times\sqrt{2}}$
$=\dfrac{3\times\sqrt{3}}{2\times3}-\dfrac{\sqrt{6}\times\sqrt{2}}{3\times2}=\dfrac{3\sqrt{3}}{6}-\dfrac{\sqrt{3\times2\times2}}{6}$
$=\dfrac{3\sqrt{3}}{6}-\dfrac{\sqrt{2^2\times3}}{6}=\dfrac{3\sqrt{3}}{6}-\dfrac{2\sqrt{3}}{6}=\dfrac{\sqrt{3}}{6}$

8 (1) $3\sqrt{6}-6\sqrt{2}$　(2) $-6+\sqrt{15}$
(3) $12\sqrt{10}-12\sqrt{5}$　(4) $10-7\sqrt{3}$
(5) $12+4\sqrt{5}$　(6) $-5+2\sqrt{3}$
(7) 4　(8) $8\sqrt{3}$

解き方 分配法則や乗法公式を使って計算する。

(1) $\sqrt{3}(\sqrt{18}-2\sqrt{6})=\sqrt{3}\times\sqrt{18}-\sqrt{3}\times2\sqrt{6}$

$=\sqrt{3}\times3\sqrt{2}-\sqrt{3}\times2\sqrt{2}\sqrt{3}=3\times\sqrt{6}-2\sqrt{2}\times3$

$=3\sqrt{6}-6\sqrt{2}$

(2) $-\sqrt{3}(2\sqrt{3}-\sqrt{5})=-\sqrt{3}\times2\sqrt{3}+\sqrt{3}\times\sqrt{5}$

$=-2\times3+\sqrt{15}=-6+\sqrt{15}$

(3) $6\sqrt{2}(\sqrt{20}-\sqrt{10})=6\sqrt{2}(\sqrt{2^2\times5}-\sqrt{10})$

$=6\sqrt{2}(2\sqrt{5}-\sqrt{10})=12\sqrt{10}-6\sqrt{20}$

$=12\sqrt{10}-12\sqrt{5}$

(4) $(4\sqrt{3}+1)(\sqrt{3}-2)=4\sqrt{3}(\sqrt{3}-2)+(\sqrt{3}-2)$

$=4\sqrt{3}\times\sqrt{3}-4\sqrt{3}\times2+\sqrt{3}-2$

$=4\times3-8\sqrt{3}+\sqrt{3}-2=10-7\sqrt{3}$

(5) $(\sqrt{2}+\sqrt{10})^2=(\sqrt{2})^2+2\times\sqrt{2}\times\sqrt{10}+(\sqrt{10})^2$

$=2+2\times2\sqrt{5}+10=12+4\sqrt{5}$

(6) $(\sqrt{3}-2)(\sqrt{3}+4)$

$=(\sqrt{3})^2+\{(-2)+4\}\times\sqrt{3}-2\times4$

$=3+2\sqrt{3}-8=-5+2\sqrt{3}$

(7) $(\sqrt{11}+\sqrt{7})(\sqrt{11}-\sqrt{7})$

$=(\sqrt{11})^2-(\sqrt{7})^2=11-7=4$

(8) $(\sqrt{6}+\sqrt{2})^2-(\sqrt{6}-\sqrt{2})^2$

$=(\sqrt{6}+\sqrt{2}+\sqrt{6}-\sqrt{2})\times(\sqrt{6}+\sqrt{2}-\sqrt{6}+\sqrt{2})$

$=2\sqrt{6}\times2\sqrt{2}=4\sqrt{12}=8\sqrt{3}$

❾ 20

解き方 $x^2+2xy+y^2=(x+y)^2$

$=(\sqrt{5}+\sqrt{3}+\sqrt{5}-\sqrt{3})^2=(2\sqrt{5})^2=20$

❿ (1) $6\sqrt{2}$ cm (2) $5\sqrt{2}$ cm

解き方 (1) 底面の1辺の長さを a cm とすると

$a\times a\times10=720$ $a^2=72$ $a=\pm6\sqrt{2}$

$a>0$ より $a=6\sqrt{2}$

(2) 1辺の長さが 5 cm の立方体の表面積は

$5\times5\times6=150(\text{cm}^2)$

これの2倍であるから $150\times2=300(\text{cm}^2)$

表面積が2倍の立方体の1辺の長さを b cm とすると

$b\times b\times6=300$ $b^2=50$ $b=\pm5\sqrt{2}$

$b>0$ より $b=5\sqrt{2}$

p.16-17 Step 3

❶ (1) ±9 (2) ○ (3) 10 (4) ○ (5) 異なる

❷ (1) $4>\sqrt{15}$ (2) $-\sqrt{0.11}<-0.1$

(3) $4\sqrt{3}<7<\sqrt{50}$

❸ ㋑, ㋓

❹ (1) $6\sqrt{5}$ (2) $\dfrac{\sqrt{6}}{3}$ (3) $-3\sqrt{7}$

(4) $9\sqrt{2}-9\sqrt{3}$ (5) $2\sqrt{5}+18$ (6) $\dfrac{13\sqrt{5}}{30}$

❺ (1) $10+2\sqrt{21}$ (2) 2 (3) $-3+4\sqrt{2}$

(4) $8-4\sqrt{3}$

❻ (1) 6 (2) $4\sqrt{6}$

❼ (1) 244.9 (2) 5, 6, 7, 8 (3) 7 (4) $\sqrt{2}$ 倍

解き方

❶ (1) 正の数には平方根が2つあり，絶対値が等しく，符号が異なるから，81の平方根は ±9

(3) $\sqrt{100}=\sqrt{10^2}=10$

(5) 根号の中の数の小数点の位置が2けたずれるごとに，その数の平方根の小数点の位置は，同じ向きに1けたずつずれる。

たとえば，$\sqrt{7}=2.645\cdots$で

$\sqrt{70000}=\sqrt{7\times10000}=\sqrt{7\times100^2}$

$=100\sqrt{7}=264.5\cdots$

である。

なお $\sqrt{70}=8.366\cdots$

したがって，$\sqrt{70}$ と $\sqrt{70000}$ を小数で表したときの数字の並び方は異なる。

❷ (1) $4^2=16$ $(\sqrt{15})^2=15$

$16>15$ より $\sqrt{16}>\sqrt{15}$

すなわち $4>\sqrt{15}$

(2) $(-\sqrt{0.11})^2=0.11$ $(-0.1)^2=0.01$で，

$0.11>0.01$ であり，負の数は，絶対値が大きいほど小さいから $-\sqrt{0.11}<-0.1$

(3) $7^2=49$ $(\sqrt{50})^2=50$ $(4\sqrt{3})^2=48$

$48<49<50$ より $\sqrt{48}<\sqrt{49}<\sqrt{50}$

すなわち $4\sqrt{3}<7<\sqrt{50}$

❸ 無理数とは分数で表せない数のこと。

㋐ $-\sqrt{16}=-\sqrt{4^2}=-4$

㋓ $\sqrt{\dfrac{3}{4}}=\dfrac{\sqrt{3}}{\sqrt{4}}=\dfrac{\sqrt{3}}{2}$

㋔ $\sqrt{0.01}=\sqrt{\dfrac{1}{100}}=\dfrac{\sqrt{1}}{\sqrt{100}}=\dfrac{1}{\sqrt{10^2}}=\dfrac{1}{10}$

よって　㋑と㋓

4 (1) $\sqrt{12}\times\sqrt{15}=2\sqrt{3}\times\sqrt{3}\sqrt{5}$

$=2\times3\times\sqrt{5}=6\sqrt{5}$

(2) $2\div\sqrt{6}=\dfrac{2}{\sqrt{6}}=\dfrac{2\times\sqrt{6}}{\sqrt{6}\times\sqrt{6}}$

$=\dfrac{2\sqrt{6}}{6}=\dfrac{\sqrt{6}}{3}$

(3) $2\sqrt{7}-5\sqrt{7}=(2-5)\sqrt{7}=-3\sqrt{7}$

(4) $\sqrt{8}=2\sqrt{2}$，$\sqrt{27}=3\sqrt{3}$，

$\sqrt{98}=\sqrt{7^2\times2}=7\sqrt{2}$，

$\sqrt{108}=\sqrt{2^2\times3^2\times3}=6\sqrt{3}$ であるから，

$2\sqrt{2}-3\sqrt{3}+7\sqrt{2}-6\sqrt{3}=9\sqrt{2}-9\sqrt{3}$

(5) $\sqrt{2}(\sqrt{10}+3\sqrt{18})=\sqrt{2}(\sqrt{10}+3\sqrt{3^2\times2})$

$=\sqrt{2}(\sqrt{10}+9\sqrt{2})$

$=\sqrt{20}+18=2\sqrt{5}+18$

(6) $\dfrac{\sqrt{5}}{3}+\dfrac{1}{2\sqrt{5}}=\dfrac{\sqrt{5}}{3}+\dfrac{1\times\sqrt{5}}{2\sqrt{5}\times\sqrt{5}}$

$=\dfrac{\sqrt{5}}{3}+\dfrac{\sqrt{5}}{10}=\dfrac{10\sqrt{5}+3\sqrt{5}}{30}=\dfrac{13\sqrt{5}}{30}$

5 (1) $(\sqrt{7}+\sqrt{3})^2$

$=(\sqrt{7})^2+2\times\sqrt{7}\times\sqrt{3}+(\sqrt{3})^2$

$=7+2\sqrt{21}+3=10+2\sqrt{21}$

(2) $(\sqrt{5}+\sqrt{3})(\sqrt{5}-\sqrt{3})$

$=(\sqrt{5})^2-(\sqrt{3})^2=5-3=2$

(3) $(\sqrt{2}+5)(\sqrt{2}-1)=(\sqrt{2})^2+(5-1)\sqrt{2}-5$

$=2+4\sqrt{2}-5=-3+4\sqrt{2}$

(4) $(\sqrt{6}-\sqrt{2})^2=(\sqrt{6})^2-2\times\sqrt{6}\times\sqrt{2}+(\sqrt{2})^2$

$=6-2\sqrt{12}+2=8-4\sqrt{3}$

6 (1) $x^2-2x+1=(x-1)^2$

$=(\sqrt{6}+1-1)^2=6$

(2) $x^2-y^2=(x+y)(x-y)$

$=(\sqrt{6}+1+\sqrt{6}-1)(\sqrt{6}+1-\sqrt{6}+1)$

$=2\sqrt{6}\times2=4\sqrt{6}$

7 (1) $\sqrt{60000}=\sqrt{6\times10000}=\sqrt{6\times100^2}$

$=\sqrt{6}\times\sqrt{100^2}=100\sqrt{6}$

$=100\times2.449=244.9$

(2) $2^2=4$，$(\sqrt{a})^2=a$，$3^2=9$

であるから，$4<a<9$ と表せる。

よって，a にあてはまる自然数は　5，6，7，8

(3) 175 を素因数分解すると $175=5^2\times7$

これをある数の 2 乗にするためには，$5^2\times7$ に 7 をかけて

$5^2\times7\times7=(5\times7)^2=35^2$

とすればよい。

よって　$n=7$

(4) 1 辺が 8 cm の正方形の面積は $8\times8=64(\text{cm}^2)$

この面積の 2 倍だから $64\times2=128(\text{cm}^2)$

面積が 2 倍の正方形の 1 辺を a cm とすると

$a\times a=128$　$a^2=128$

$a=\pm\sqrt{128}=\pm8\sqrt{2}$

$a>0$ より　$a=8\sqrt{2}$

したがって，$8\sqrt{2}\div8=\sqrt{2}$ より，$\sqrt{2}$ 倍にすればよい。

3章 2次方程式

1節 2次方程式とその解き方

p.19-21 **Step 2**

1 ㋑，㋒

解き方 ㋐ $x^2-3x+1=x^2 \quad -3x+1=0$

よって，2次方程式ではない。

㋑ 左辺を展開すると，2次式になる。

㋒ 左辺が2次式である。

㋓ $(x+5)(x-7)=x^2 \quad x^2-2x-35=x^2$

$-2x-35=0$

よって，2次方程式ではない。

2 -2，1

解き方 -2 を代入すると，

$(左辺)=(-2)^2+(-2)-2=4-2-2=0$

よって，-2 は $x^2+x-2=0$ の解である。

-1 を代入すると

$(左辺)=(-1)^2+(-1)-2=1-1-2=-2$

よって，-1 は $x^2+x-2=0$ の解ではない。

0 を代入すると　$(左辺)=0^2+0-2=-2$

よって，0 は $x^2+x-2=0$ の解ではない。

1 を代入すると　$(左辺)=1^2+1-2=1+1-2=0$

よって，1 は $x^2+x-2=0$ の解である。

2 を代入すると，$(左辺)=2^2+2-2=4+2-2=4$

よって，2 は $x^2+x-2=0$ の解ではない。

3 (1) $x=\pm 5$　(2) $x=\pm 7$

(3) $x=\pm\sqrt{7}$　(4) $x=\pm\dfrac{2\sqrt{2}}{3}$

解き方 (2) $2x^2-98=0 \quad 2x^2=98$

$x^2=49 \quad x=\pm 7$

(3) $3x^2-21=0 \quad 3x^2=21 \quad x^2=7$

$x=\pm\sqrt{7}$

(4) $9x^2-8=0 \quad 9x^2=8 \quad x^2=\dfrac{8}{9}$

$x=\pm\sqrt{\dfrac{8}{9}}=\pm\dfrac{2\sqrt{2}}{3}$

4 (1) $x=11$，$x=3$　(2) $x=-5\pm\sqrt{10}$

(3) $x=8\pm 2\sqrt{6}$　(4) $x=-3\pm 4\sqrt{2}$

解き方 $(x+▲)^2=●$ の形をした2次方程式は，かっこの中をひとまとまりのものとみて解く。

(1) $(x-7)^2=16 \quad x-7=\pm 4$

すなわち　$x-7=4$，$x-7=-4$

したがって　$x=11$，$x=3$

(4) $(x+3)^2-32=0 \quad (x+3)^2=32$

$x+3=\pm 4\sqrt{2} \quad x=-3\pm 4\sqrt{2}$

5 (1) 9，3　(2) 4，2　(3) $\dfrac{25}{4}$，$\dfrac{5}{2}$

解き方 左辺の□は，x の係数の $\dfrac{1}{2}$ の2乗が入る。

(1) $\dfrac{6}{2}=3$，$3^2=9$

(2) $\dfrac{4}{2}=2$，$2^2=4$

6 (1) $x=1\pm\sqrt{7}$　(2) $x=-2\pm 2\sqrt{2}$

(3) $x=8$，$x=-2$　(4) $x=-3$，$x=-7$

解き方 (2) $x^2+4x-4=0 \quad x^2+4x=4$

$x^2+4x+4=4+4 \quad (x+2)^2=8$

$x+2=\pm 2\sqrt{2} \quad x=-2\pm 2\sqrt{2}$

(3) $x^2-6x-16=0 \quad x^2-6x=16$

$x^2-6x+9=16+9 \quad (x-3)^2=25$

$x-3=\pm 5 \quad x=3\pm 5$

したがって　$x=8$，$x=-2$

(4) $x^2+10x+21=0 \quad x^2+10x=-21$

$x^2+10x+25=-21+25 \quad (x+5)^2=4$

$x+5=\pm 2 \quad x=-5\pm 2$

したがって　$x=-3$，$x=-7$

7 (1) ① 3　② 5　③ -1

④ 3　⑤ -5　⑥ 5

⑦ 3　⑧ -1　⑨ 6

⑩ -5　⑪ 37

(2) ① $x=\dfrac{-7\pm\sqrt{37}}{6}$　② $x=\dfrac{7\pm\sqrt{33}}{2}$

③ $x=\dfrac{-4\pm\sqrt{10}}{3}$　④ $x=\dfrac{1\pm\sqrt{29}}{4}$

⑤ $x=\dfrac{3}{2}$，$x=-2$　⑥ $x=\dfrac{1}{4}$

解き方 約分するとき，次のようにはできない。

$\frac{\overset{2}{\cancel{4}}\pm2\sqrt{5}}{\underset{3}{\cancel{6}}}\rightarrow\frac{2\pm2\sqrt{5}}{3}$ ×

(2) ① 解の公式に，$a=3$，$b=7$，$c=1$ を代入すると

$x=\frac{-7\pm\sqrt{7^2-4\times3\times1}}{2\times3}$

$=\frac{-7\pm\sqrt{49-12}}{6}=\frac{-7\pm\sqrt{37}}{6}$

② 解の公式に，$a=1$，$b=-7$，$c=4$ を代入すると

$x=\frac{-(-7)\pm\sqrt{(-7)^2-4\times1\times4}}{2\times1}$

$=\frac{7\pm\sqrt{49-16}}{2}=\frac{7\pm\sqrt{33}}{2}$

③ 解の公式に，$a=3$，$b=8$，$c=2$ を代入すると

$x=\frac{-8\pm\sqrt{8^2-4\times3\times2}}{2\times3}=\frac{-8\pm\sqrt{64-24}}{6}$

$=\frac{-8\pm\sqrt{40}}{6}=\frac{-8\pm2\sqrt{10}}{6}=\frac{-4\pm\sqrt{10}}{3}$

④ 解の公式に，$a=4$，$b=-2$，$c=-7$ を代入すると

$x=\frac{-(-2)\pm\sqrt{(-2)^2-4\times4\times(-7)}}{2\times4}$

$=\frac{2\pm\sqrt{4+112}}{8}=\frac{2\pm\sqrt{116}}{8}$

$=\frac{2\pm2\sqrt{29}}{8}=\frac{1\pm\sqrt{29}}{4}$

⑤ 解の公式に，$a=2$，$b=1$，$c=-6$ を代入すると

$x=\frac{-1\pm\sqrt{1^2-4\times2\times(-6)}}{2\times2}$

$=\frac{-1\pm\sqrt{1+48}}{4}=\frac{-1\pm\sqrt{49}}{4}=\frac{-1\pm7}{4}$

$x=\frac{3}{2}$，$x=-2$

⑥ 解の公式に，$a=16$，$b=-8$，$c=1$ を代入すると

$x=\frac{-(-8)\pm\sqrt{(-8)^2-4\times16\times1}}{2\times16}$

$=\frac{8\pm\sqrt{64-64}}{32}=\frac{8}{32}=\frac{1}{4}$

8 (1) $x=0$，$x=7$　(2) $x=3$，$x=2$

(3) $x=-5$，$x=9$　(4) $x=-\frac{1}{3}$，$x=4$

解き方 2 つの数を A，B とするとき

$AB=0$ ならば $A=0$ または $B=0$

(1) $x(x-7)=0$

$x=0$ または $x-7=0$　$x=0$，$x=7$

(2) $(x-3)(x-2)=0$

$x-3=0$ または $x-2=0$

$x=3$，$x=2$

(3) $(x+5)(x-9)=0$

$x+5=0$ または $x-9=0$

$x=-5$，$x=9$

(4) $(3x+1)(x-4)=0$

$3x+1=0$ または $x-4=0$

$x=-\frac{1}{3}$，$x=4$

9 (1) $x=0$，$x=3$　(2) $x=-2$，$x=10$

(3) $x=-5$，$x=6$　(4) $x=-3$，$x=-6$

(5) $x=-11$　(6) $x=9$

解き方 左辺を因数分解する。

(1) $x^2-3x=0$　$x(x-3)=0$

$x=0$ または $x-3=0$　$x=0$，$x=3$

(2) $x^2-8x-20=0$　$(x+2)(x-10)=0$

$x+2=0$ または $x-10=0$

$x=-2$，$x=10$

(3) $x^2-x-30=0$　$(x+5)(x-6)=0$

$x+5=0$ または $x-6=0$

$x=-5$，$x=6$

(4) $x^2+9x+18=0$　$(x+3)(x+6)=0$

$x+3=0$ または $x+6=0$

$x=-3$，$x=-6$

(5) $x^2+22x+121=0$　$(x+11)^2=0$

$x+11=0$　$x=-11$

(6) $x^2-18x+81=0$　$(x-9)^2=0$

$x-9=0$　$x=9$

10 (1) $x=4$，$x=8$　(2) $x=2$，$x=-6$

(3) $x=\frac{-5\pm\sqrt{13}}{6}$　(4) $x=-2$，$x=6$

解き方 式を整理して，(2 次式)=0 の形になおす。

(1) $x^2=4(3x-8)$　$x^2=12x-32$

$x^2-12x+32=0$　$(x-4)(x-8)=0$

$x=4$，$x=8$

(3) $3x(x+2)=x-1$　$3x^2+6x=x-1$

$3x^2+5x+1=0$

$x=\dfrac{-5\pm\sqrt{5^2-4\times3\times1}}{2\times3}$

$=\dfrac{-5\pm\sqrt{25-12}}{6}=\dfrac{-5\pm\sqrt{13}}{6}$

(4) $3(x+2)(x-2)=2x(x+2)$

$3(x^2-4)=2x^2+4x$　$3x^2-12=2x^2+4x$

$x^2-4x-12=0$　$(x+2)(x-6)=0$

$x=-2$，$x=6$

⓫ a の値…1，もう1つの解…$2-\sqrt{3}$

解き方 $x^2-4x+a=0$ の x に $2+\sqrt{3}$ を代入すると

$(2+\sqrt{3})^2-4(2+\sqrt{3})+a=0$

$4+4\sqrt{3}+3-8-4\sqrt{3}+a=0$

$-1+a=0$　$a=1$

よって，$x^2-4x+1=0$ となる。

これを解くと

$x=\dfrac{-(-4)\pm\sqrt{(-4)^2-4\times1\times1}}{2\times1}$

$=\dfrac{4\pm\sqrt{16-4}}{2}=\dfrac{4\pm\sqrt{12}}{2}$

$=\dfrac{4\pm2\sqrt{3}}{2}=2\pm\sqrt{3}$

2節 2次方程式の利用

p.23 **Step 2**

❶ 6

解き方 ある自然数 x の2乗は x^2，これから6をひくと　x^2-6

$x^2-6=5x$ を解くと　$x^2-5x-6=0$

$(x+1)(x-6)=0$　$x=-1$，$x=6$

x は自然数であるから，$x=-1$ は問題に適していない。

したがって　$x=6$

❷ 1 m

解き方 下の図のように，道路を移動する。

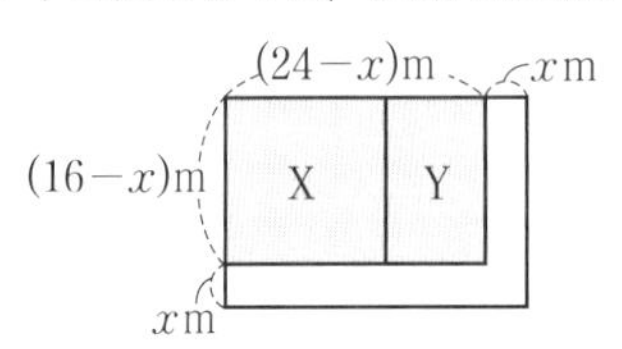

道路の幅を x m とすると，X と Y を合わせた長方形の縦の長さは $(16-x)$ m，横の長さは $(24-x)$ m と表せる。

この長方形の面積は

$(16-x)(24-x)=345$

$384-40x+x^2=345$

$x^2-40x+39=0$

$(x-1)(x-39)=0$

$x=1$，$x=39$

$x<16$ でなければならないから，$x=39$ は問題に適していない。

したがって　$x=1$

❸ 32 cm

解き方 右の図のように，直方体の底面の正方形の1辺を x cm とする。

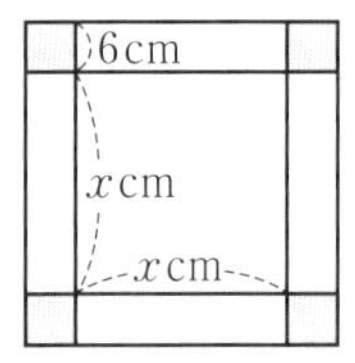

直方体の容積は

$x\times x\times6=2400$

$x^2=400$

$x=\pm20$

$x>0$ であるから　$x=20$

したがって，厚紙の1辺の長さは

$20+6+6=32$(cm)

これは問題に適している。

❹ 2 cm，6 cm

解き方 AP＝x cm とすると，AQ＝$(8-x)$ cm と表すことができる。

(8−x)cm　A　Q　D　xcm　P　B　C　8cm

△APQ の面積は

$\dfrac{1}{2}x(8-x)=6$

$x(8-x)=12$

$8x-x^2=12$

$x^2-8x+12=0$

$(x-2)(x-6)=0$

$x=2$，$x=6$

これらは問題に適している。

(求めた解は，どちらも $0<x<8$ である。)

p.24-25 Step 3

❶ ㋑，㋒

❷ (1) $x=\pm\frac{5}{2}$　(2) $x=4\pm2\sqrt{2}$

(3) $x=4,\ x=-6$　(4) $x=13$

(5) $x=\frac{3\pm\sqrt{17}}{4}$　(6) $x=\frac{1\pm\sqrt{6}}{5}$

❸ (1) $x=-2,\ x=12$　(2) $x=-1,\ x=4$

(3) $x=-3\pm\sqrt{11}$　(4) $x=5,\ x=-6$

❹ (1) a の値 -2　もう1つの解 1

(2) a の値 -2　もう1つの解 $2-\sqrt{6}$

❺ 7 と 14

❻ 2 m

❼ (1) $(2x+5)$ cm　(2) $(4,\ 13)$　(3) $\left(\frac{16}{13},\ 0\right)$

解き方

❶ それぞれの式の x に -3 を代入し，(左辺)＝(右辺)になるか確かめる。

❷ (6) 解の公式に，$a=5$，$b=-2$，$c=-1$ を代入すると

$$x=\frac{-(-2)\pm\sqrt{(-2)^2-4\times5\times(-1)}}{2\times5}$$

$$=\frac{2\pm\sqrt{4+20}}{10}=\frac{2\pm2\sqrt{6}}{10}=\frac{1\pm\sqrt{6}}{5}$$

❸ (4) $x-3$ を A とおくと

$(x-3)^2+7(x-3)-18=0$

$A^2+7A-18=0$　$(A-2)(A+9)=0$

$(x-3-2)(x-3+9)=0$

$(x-5)(x+6)=0$　$x=5,\ x=-6$

❹ (2) $x^2-4x+a=0$ の x に $2+\sqrt{6}$ を代入すると

$(2+\sqrt{6})^2-4(2+\sqrt{6})+a=0$

$4+4\sqrt{6}+6-8-4\sqrt{6}+a=0$

$2+a=0$　$a=-2$

よって，$x^2-4x-2=0$ となるから

$$x=\frac{-(-4)\pm\sqrt{(-4)^2-4\times1\times(-2)}}{2\times1}$$

$$=\frac{4\pm\sqrt{16+8}}{2}=\frac{4\pm2\sqrt{6}}{2}=2\pm\sqrt{6}$$

❺ 小さいほうの数を x とすると，大きいほうの数は $21-x$ と表される。

2つの数の積が 98 であるから

$x(21-x)=98$　$21x-x^2=98$

$x^2-21x+98=0$　$(x-7)(x-14)=0$

$x=7,\ x=14$

$x=7$ のとき，大きいほうの数は　$21-7=14$

$x=14$ のとき，大きいほうの数は $21-14=7$ となり，適していないから，7 と 14

❻ 右の図のように，道路を移動し，道路の幅を x m とすると

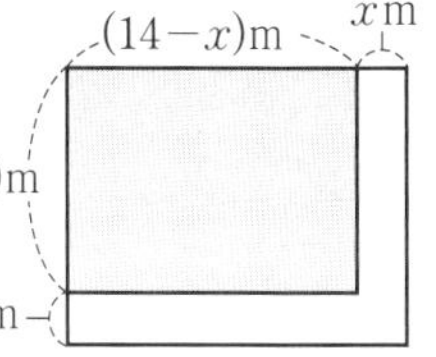

$(11-x)(14-x)=108$

$154-25x+x^2=108$　$x^2-25x+46=0$

$(x-2)(x-23)=0$　$x=2,\ x=23$

$x<11$ であるから　$x=2$

$x=2$ は問題に適している。

❼ (2) C の y 座標は直線の切片と同じであるから，点 C の座標は (0, 5) より

OC＝5 cm

(1) より　OB＝x cm，

AB＝$(2x+5)$ cm

であるから，台形 OBAC の面積は

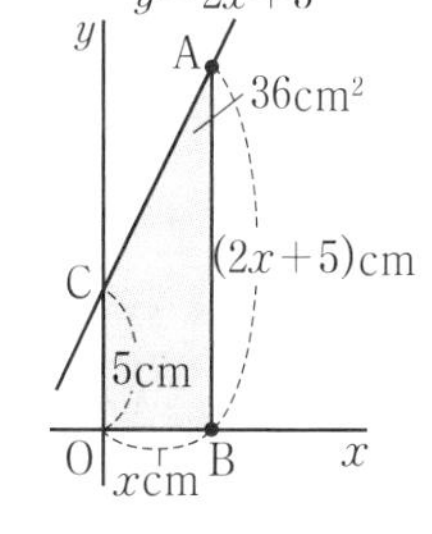

$\frac{1}{2}(5+2x+5)\times x=36$

$\frac{1}{2}x(2x+10)=36$

$x^2+5x=36$　$x^2+5x-36=0$

$(x-4)(x+9)=0$　$x=4,\ x=-9$

$x>0$ であるから　$x=4$

$2\times4+5=13$ より，点 A の座標は　$(4,\ 13)$

(3) OD＝a cm とすると

DB＝$(4-a)$ cm

△ABD の面積は

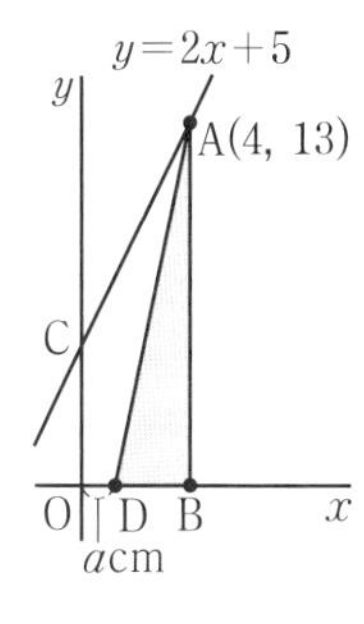

$\frac{1}{2}\times13\times(4-a)=36\times\frac{1}{2}$

$13(4-a)=36$

$4-a=\frac{36}{13}$　$a=\frac{16}{13}$

よって，点 D の座標は　$\left(\frac{16}{13},\ 0\right)$

▶ 本文 p.27-28

4章 関数 $y=ax^2$

1節 関数 $y=ax^2$
2節 関数$y=ax^2$の性質と調べ方
3節 いろいろな関数の利用

p.27-29 **Step 2**

❶ (1) $y=\frac{1}{3}\pi x^2$　(2) $y=3x^2$　(3) $y=2x^2$

解き方 (1) 中心角 120°のおうぎ形の面積は，円の面積の$\frac{1}{3}$であるから　$y=\pi\times x^2\times\frac{1}{3}=\frac{1}{3}\pi x^2$

(2) (角錐の体積)$=\frac{1}{3}\times$(底面積)$\times$(高さ)

より　$y=\frac{1}{3}\times x\times x\times 9=3x^2$

(3) 縦と横の長さの比が 1：2 であるから，縦の長さを x cm とすると，横の長さは $2x$ cm である。

よって　$y=x\times 2x=2x^2$

❷ (1) $y=2x^2$　(2) $y=98$

解き方 (1) y は x の 2 乗に比例するから　$y=ax^2$

$x=4$ のとき $y=32$ であるから　$32=a\times 4^2$　$a=2$

したがって　$y=2x^2$

(2) (1)で求めた式に，$x=7$ を代入すると

$y=2\times 7^2=98$

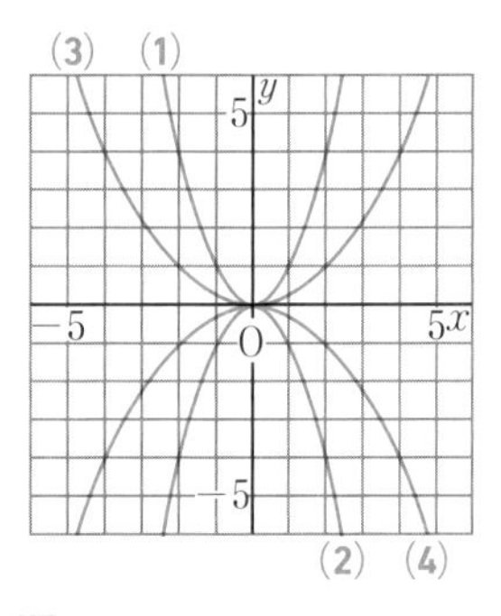

解き方 表をかいて，表からグラフをかく。

x	−4	−3	−2	−1	0	1	2	3	4
x^2	16	9	4	1	0	1	4	9	16
$-x^2$	−16	−9	−4	−1	0	−1	−4	−9	−16
$\frac{1}{4}x^2$	4	$\frac{9}{4}$	1	$\frac{1}{4}$	0	$\frac{1}{4}$	1	$\frac{9}{4}$	4
$-\frac{1}{4}x^2$	−4	$-\frac{9}{4}$	−1	$-\frac{1}{4}$	0	$-\frac{1}{4}$	−1	$-\frac{9}{4}$	−4

❹ (1) ㋑，㋔　(2) ㋓　(3) ㋐と㋑

解き方 (1) $y=ax^2$ で，$a<0$ のときは，下に開いた形になるから　㋑，㋔

(2) $y=ax^2$ で，a の値の絶対値が小さいほど，グラフの開き方は大きいから　㋓

(3) $y=ax^2$ で，a の値の絶対値が等しく，符号が反対であれば，グラフは x 軸について対称であるから　㋐と㋑

❺ (1) $36\leqq y\leqq 144$　(2) $0\leqq y\leqq 16$

解き方 グラフをかいて，どんな形になるか確認しておく。

(1)

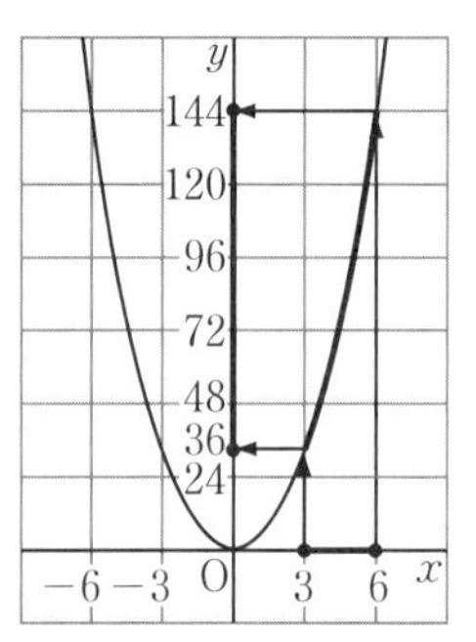

$y=4x^2$ のグラフで，$3\leqq x\leqq 6$ に対応する部分は，上の図の太い線の部分であるから，

y は，$x=3$ のとき，最小値　$y=4\times 3^2=36$

　　$x=6$ のとき，最大値　$y=4\times 6^2=144$

をとることがわかる。

よって，求める y の変域は　$36\leqq y\leqq 144$

(2)

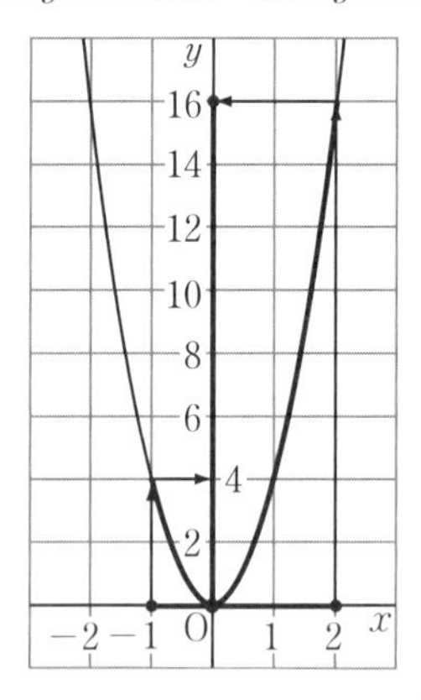

$y=4x^2$ のグラフで，$-1\leqq x\leqq 2$ に対応する部分は，上の図の太い線の部分であるから，

y は，$x=0$ のとき，最小値　0

　　$x=2$ のとき，最大値　$y=4\times 2^2=16$

をとることがわかる。

よって，求める y の変域は　$0 \leqq y \leqq 16$

❻ (1) 1　　　(2) -3

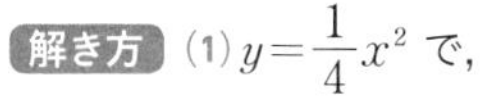
解き方 (1) $y=\frac{1}{4}x^2$ で，

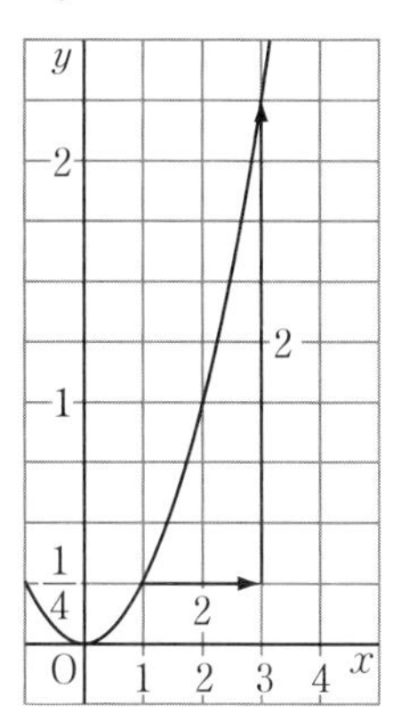

$x=1$ のとき $y=\frac{1}{4}$，

$x=3$ のとき $y=\frac{9}{4}$

x の増加量は

$3-1=2$

y の増加量は

$\frac{9}{4}-\frac{1}{4}=\frac{8}{4}=2$

よって，変化の割合は

$\frac{(y\text{の増加量})}{(x\text{の増加量})}=\frac{2}{2}=1$

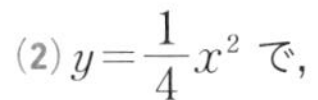
(2) $y=\frac{1}{4}x^2$ で，

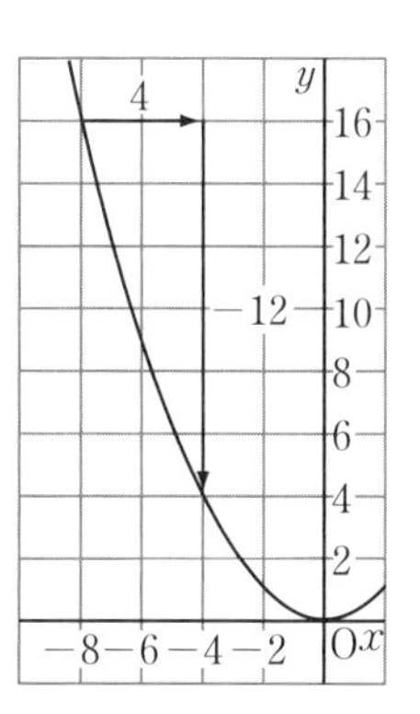

$x=-8$ のとき $y=16$，

$x=-4$ のとき $y=4$

x の増加量は

$-4-(-8)=4$

y の増加量は

$4-16=-12$

よって，変化の割合は

$\frac{(y\text{の増加量})}{(x\text{の増加量})}=\frac{-12}{4}=-3$

❼ (1) ①　　　(2) ②　　　(3) ①

解き方 ①と②のグラフの特徴をまとめると，次の表のようになる。グラフをかいて確認する。

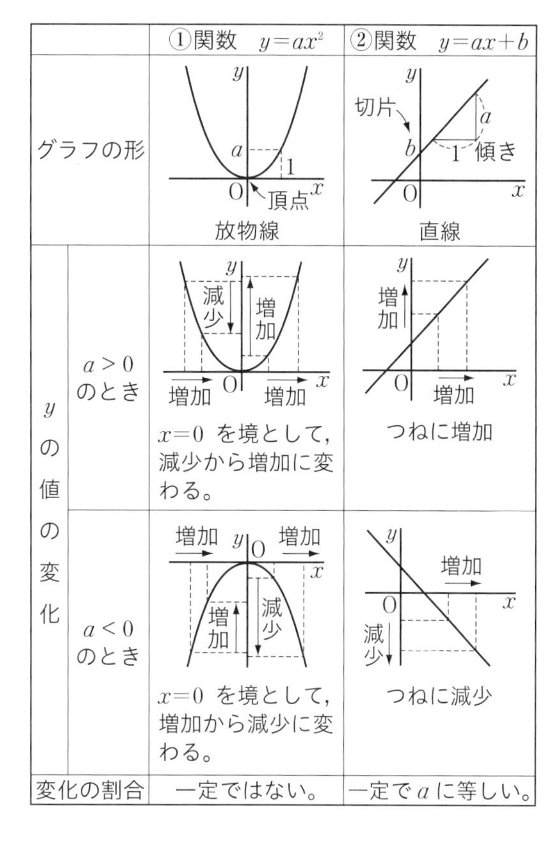

		①関数　$y=ax^2$	②関数　$y=ax+b$
グラフの形		放物線	直線
y の値の変化	$a>0$ のとき	$x=0$ を境として，減少から増加に変わる。	つねに増加
	$a<0$ のとき	$x=0$ を境として，増加から減少に変わる。	つねに減少
変化の割合		一定ではない。	一定で a に等しい。

❽ (1) 12 m　　　(2) 24 m/s

解き方 (1) $y=3x^2$ に $x=2$ を代入すると

$y=3\times2^2=12$

(2) 平均の速さは，$\frac{(\text{進んだ距離})}{(\text{かかった時間})}$ で求められる。

かかった時間は　$5-3=2$(秒)

進んだ距離は　$75-27=48$(m)

よって，平均の速さは　$\frac{48}{2}=24$(m/s)

❾ (1) $y=3x^2$　　　(2) $0 \leqq x \leqq 5$，$0 \leqq y \leqq 75$

解き方 (1) $\mathrm{AP}=2x$，$\mathrm{AQ}=3x$ より

$\triangle\mathrm{APQ}=2x\times3x\times\frac{1}{2}=3x^2$

したがって　$y=3x^2$

(2) P が B に到達するのにかかる時間は

$10\div2=5$(秒)

Q が D に到達するのにかかる時間は

$18\div3=6$(秒)

したがって，x の変域は　$0 \leqq x \leqq 5$

$x=0$ のとき　$y=0$

$x=5$ のとき　$y=3\times5^2=75$

したがって，y の変域は　$0\leqq y\leqq75$

❿ (1) 650 円

(2) $y=500$，650，800，950，1100

(3) $4<x\leqq5$

解き方 (2)

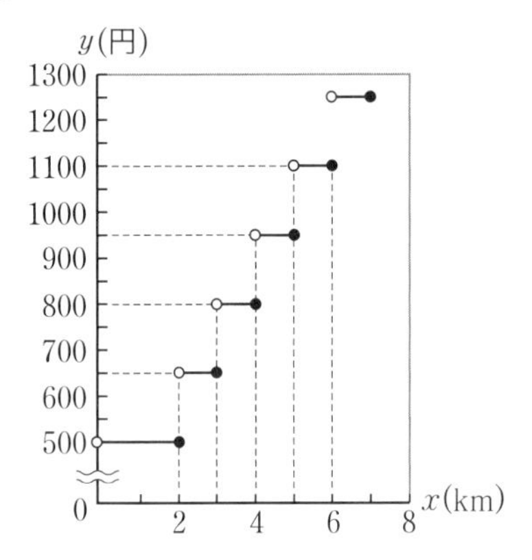

上のグラフより

$0<x\leqq2$ のとき　$y=500$

$2<x\leqq3$ のとき　$y=650$

$3<x\leqq4$ のとき　$y=800$

$4<x\leqq5$ のとき　$y=950$

$5<x\leqq6$ のとき　$y=1100$

(3) (2) のグラフより，950 円では，4 km をこえて 5 km まで走ることができる。

よって，x の範囲は　$4<x\leqq5$

p.30-31　Step 3

❶ (1) $y=3\pi x^2$　○　(2) $y=4x$　×

(3) $y=3x^2$　○　(4) $y=\dfrac{4}{3}\pi x^3$　×

❷ (1) $y=-x^2$　(2) $y=4x^2$　(3) 15

(4) $0\leqq y\leqq\dfrac{9}{4}$　(5) $a=\dfrac{1}{2}$　(6) $a=\dfrac{1}{2}$

❸ 解き方参照

❹ (1) ㋐，㋓　(2) ㋑　(3) ㋑，㋒，㋓　(4) ㋑，㋓

❺ (1) 8 m　(2) 10 m/s

❻ (1) 解き方参照　(2) B

❼ (1) $y=-x+4$　(2) 12

解き方

❶ (1) $y=\dfrac{1}{3}\times\pi\times x^2\times9=3\pi x^2$

(2) $y=\dfrac{1}{2}\times x\times8=4x$

(3) $y=x\times3x=3x^2$

(4) $y=\dfrac{4}{3}\times\pi\times x^3=\dfrac{4}{3}\pi x^3$

❷ (5) y の変域より，最小値が 0 であるから　$a>0$

x の変域と y の変域はそれぞれ下の図の太い線になる。

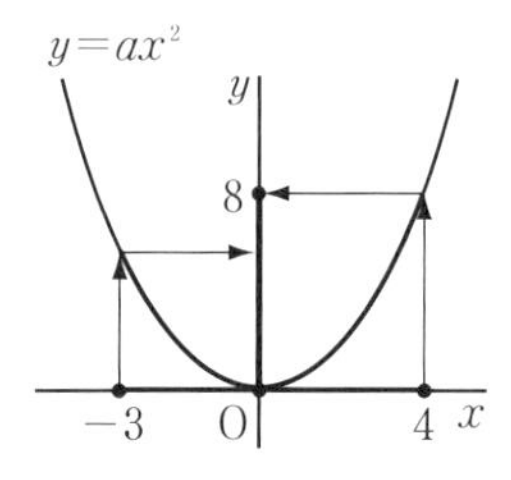

x の変域より，$x=4$ のとき y は最大値 8 をとるから　$8=a\times4^2$　よって　$a=\dfrac{1}{2}$

(6) $y=ax^2$ で，$x=2$ のとき　$y=4a$

$x=4$ のとき　$y=16a$

x が 2 から 4 まで増加するとき

x の増加量は　$4-2=2$

y の増加量は　$16a-4a=12a$

よって，変化の割合は

$\dfrac{(y\text{の増加量})}{(x\text{の増加量})}=\dfrac{12a}{2}=6a$

また，$y=3x-7$ の変化の割合は 3 であるから

$6a=3$　　よって　$a=\dfrac{1}{2}$

❸

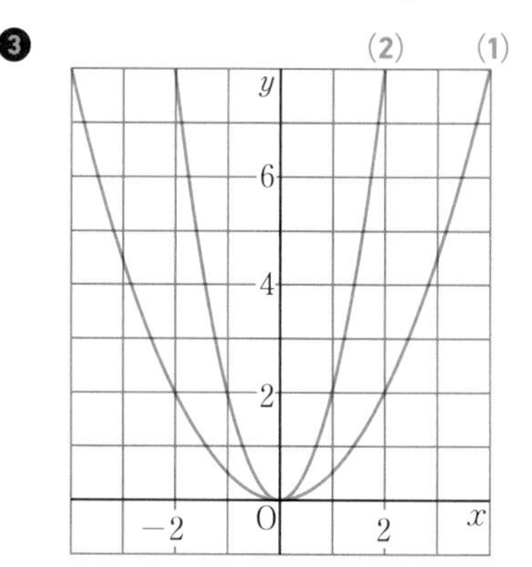

表をかき，表からグラフをかく。

x	-4	-3	-2	-1	0	1	2	3	4
$\frac{1}{2}x^2$	8	$\frac{9}{2}$	2	$\frac{1}{2}$	0	$\frac{1}{2}$	2	$\frac{9}{2}$	8
$2x^2$	32	18	8	2	0	2	8	18	32

❹ (1) グラフが原点を通るのは，関数 $y=ax^2$ と関数 $y=ax$ であるから㋐，㋓

(2) 変化の割合が一定であるのは，関数 $y=ax+b$ であるから㋑

(3)

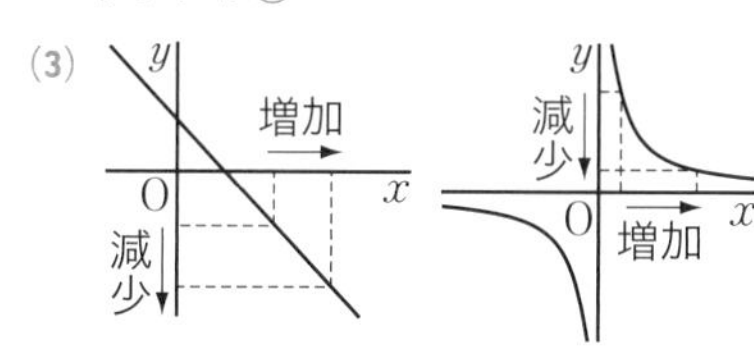

$y=ax+b$　　$y=\dfrac{a}{x}$　　$y=ax^2$

$a<0$　　$a>0$　　$a<0$

$x>0$ で，x が増加すると，y は減少する関数は上の 3 つの関数であるから，㋑，㋒，㋓

(4) $x=3$ を式に代入して，y の値を計算する。

㋐に $x=3$ を代入すると

$y=\dfrac{1}{3}\times3^2=\dfrac{1}{3}\times9=3$

㋑に $x=3$ を代入すると

$y=-3\times3-9=-9-9=-18$

㋒に $x=3$ を代入すると　$y=\dfrac{3}{3}=1$

㋓に $x=3$ を代入すると

$y=-2\times3^2=-2\times9=-18$

よって　㋑，㋓

❺ (1) $y=2x^2$ に $x=2$ を代入すると

$y=2\times2^2=2\times4=8$

(2) 平均の速さは，$\dfrac{(\text{進んだ距離})}{(\text{かかった時間})}$ で求められる。

$y=2x^2$ で，$x=2$ のとき $y=8$

$x=3$ のとき $y=18$

かかった時間は　$3-2=1$(秒)

進んだ距離は　$18-8=10$(m)

よって，平均の速さは　$\dfrac{10}{1}=10$(m/s)

❻ (1)

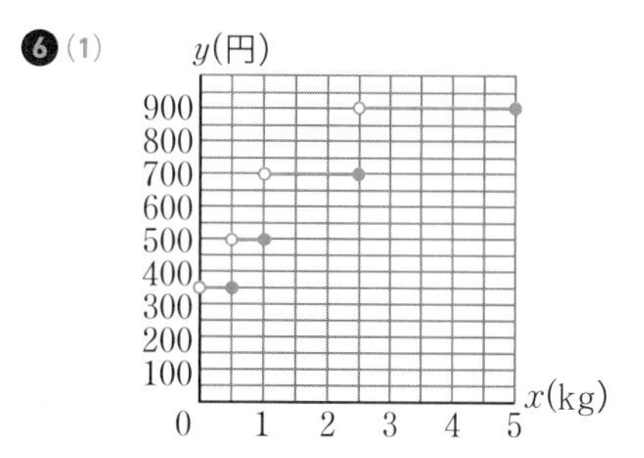

(2) A… 6 kg のときの料金は　1250 円

よって　$1250\times2=2500$(円)

B…$6\times2=12$(kg)

12 kg のときの料金は　2150 円

したがって，B の送り方のほうが安い。

❼ (1) $y=\dfrac{1}{2}x^2$ で，$x=-4$ のとき $y=8$

$x=2$ のとき $y=2$

A の座標は $(-4,\ 8)$，B の座標は $(2,\ 2)$

直線 AB は 2 点 A，B を通るから，グラフの傾きは

$\dfrac{2-8}{2-(-4)}=\dfrac{-6}{6}=-1$

したがって　$y=-x+b$

グラフが点 $(2,\ 2)$ を通るから，代入すると，

$2=-2+b$　　$b=4$

よって　$y=-x+4$

(2) (1)より，$y=-x+4$ のグラフの切片は 4 であるから，C の座標は　$(0,\ 4)$

$\triangle AOB=\triangle OAC+\triangle OBC$ より，$\triangle AOB$ の面積は，OC を底辺とすると

$\dfrac{1}{2}\times4\times4+\dfrac{1}{2}\times4\times2=12$

▶ 本文 p.33

5章 相似な図形

1節 相似な図形

p.33-34 Step 2

❶ (1) (例)

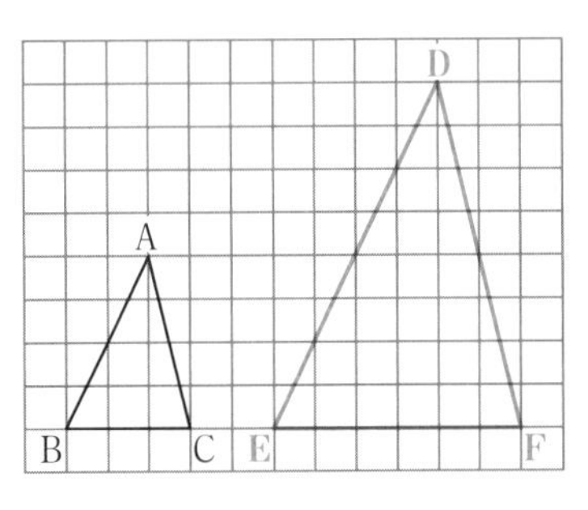

(2)

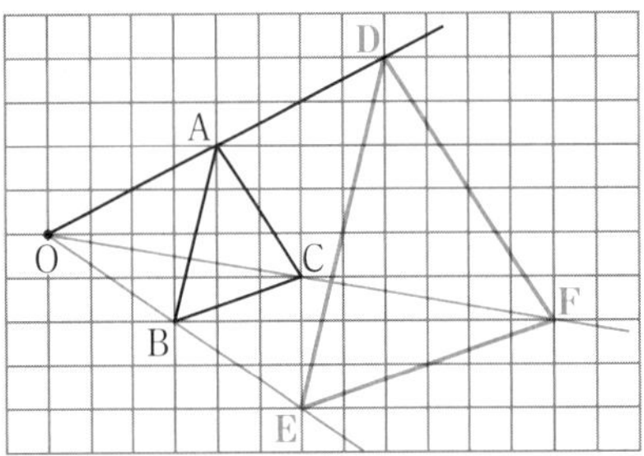

解き方 (1) 対応する辺の長さを2倍にし，対応する角の大きさが等しくなるようにかく。

(2) 相似の中心の点Oから，半直線OAのように，頂点B，Cを通る半直線OB，OCをひく。

❷ (1) ∠B…70°　　∠E…90°　　∠G…85°

(2) AB… 6 cm　　EH…7.2 cm

(3) 3：4

解き方 (1) 相似な図形では，対応する角の大きさはそれぞれ等しい。

四角形ABCD ∽ 四角形EFGHであるから

∠B＝∠F＝70°，∠E＝∠A＝90°，∠G＝∠C＝85°となる。

(2) 相似な図形では，対応する辺の長さの比はすべて等しいから　AB：EF＝BC：FG

AB＝x cmとすると　x：8＝7.5：10

$10x=60$　$x=6$

さらに　AD：EH＝BC：FG

EH＝y cmとすると　5.4：y＝7.5：10

$54=7.5y$　$y=7.2$

(3) 相似な図形では，対応する辺の長さの比が相似比であるから　BC：FG＝7.5：10＝3：4

❸ (1) △ABC ∽ △DEC，

2組の辺の比とその間の角がそれぞれ等しい。

(2) △ABC ∽ △ACD，

2組の角がそれぞれ等しい。

(3) △ABC ∽ △ACD，

2組の辺の比とその間の角がそれぞれ等しい。

解き方 相似な三角形を取り出して，向きをそろえて考える。

(1) BC：EC＝CA：CD＝1：2，∠BCA＝∠ECD

よって，2組の辺の比とその間の角がそれぞれ等しいから　△ABC ∽ △DEC

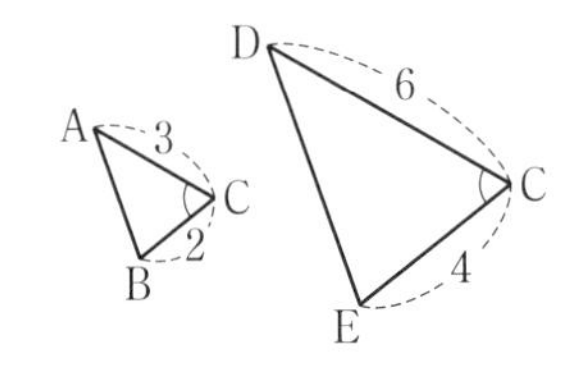

(2) ∠ABC＝∠ACD＝40°，∠CAB＝∠DAC

よって，2組の角がそれぞれ等しいから

△ABC ∽ △ACD

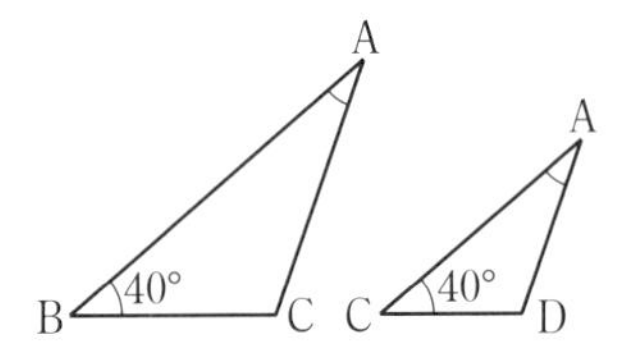

(3) AB：AC＝AC：AD＝3：2，∠CAB＝∠DAC

よって，2組の辺の比とその間の角がそれぞれ等しいから　△ABC ∽ △ACD

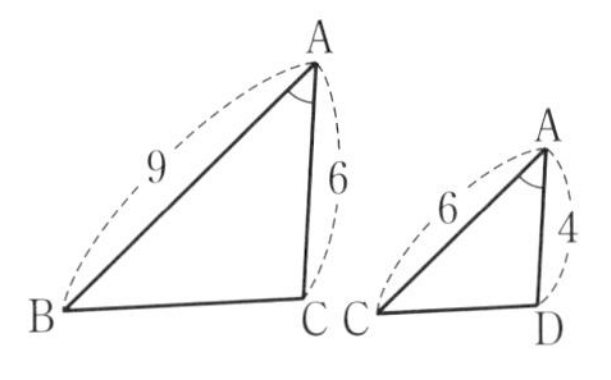

❹ (1) △ABEと△CDEにおいて

AB∥DCで，平行線の錯角は等しいから

∠EAB＝∠ECD……(ア)

∠ABE＝∠CDE……(イ)

(ア)，(イ)より，2組の角がそれぞれ等しいから

△ABE ∽ △CDE

(2) ① △ABD と △AEF において

△ABC と △ADE は正三角形だから

∠DAB＝60° − ∠DAF

∠FAE＝60° − ∠DAF

よって ∠DAB＝∠FAE……(ア)

∠ABD＝∠AEF＝60°……(イ)

(ア)，(イ)より，2 組の角がそれぞれ等しいから

△ABD ∽ △AEF

② $\frac{4}{3}$ cm

(3) $x=9$

解き方 (1) 右の図のように，AB∥DC より，2 組の角がそれぞれ等しいことがいえる。

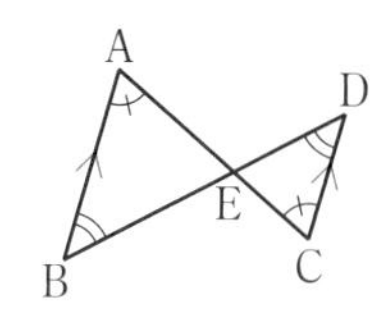

別解 次のように証明してもよい。

対頂角は等しいから

∠BEA＝∠DEC

また，AB∥DC より

∠ABE＝∠CDE(または ∠EAB＝∠ECD)

より，2 組の角がそれぞれ等しいから

△ABE ∽ △CDE

(2) ② △ABD と △DCF において，対頂角は等しいから

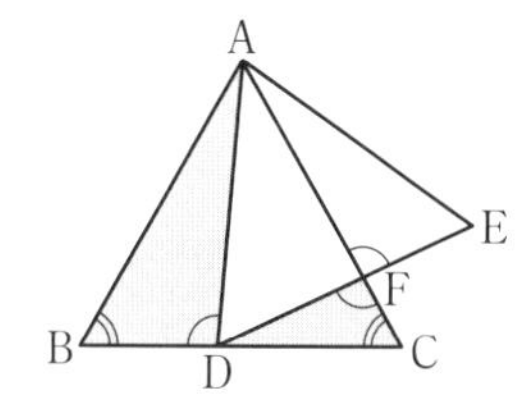

∠EFA＝∠CFD

また，①より

△ABD ∽ △AEF

だから

∠BDA＝∠EFA＝∠CFD…(ア)

△ABC は正三角形であるから，

∠ABD＝∠DCF＝60°……(イ)

(ア)，(イ)より，2 組の角がそれぞれ等しいから

△ABD ∽ △DCF　AB：DC＝BD：CF

CF＝x cm とすると　6：(6−2)＝2：x

$6x=8$　$x=\frac{8}{6}=\frac{4}{3}$

(3)

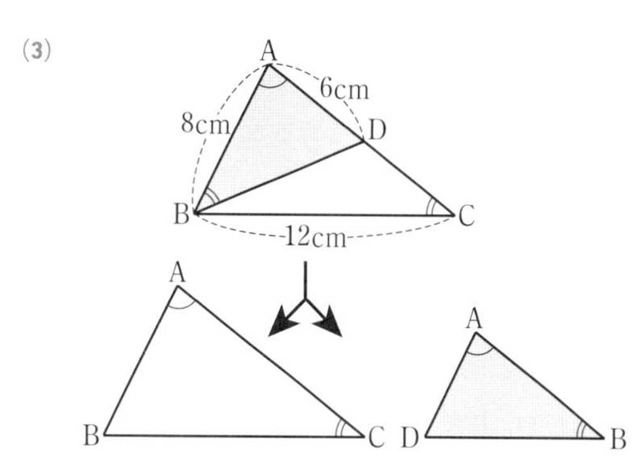

∠CAB＝∠BAD，∠BCA＝∠DBA

より，2 組の角がそれぞれ等しいから

△ABC ∽ △ADB

よって　AB：AD＝BC：DB

DB＝x cm より

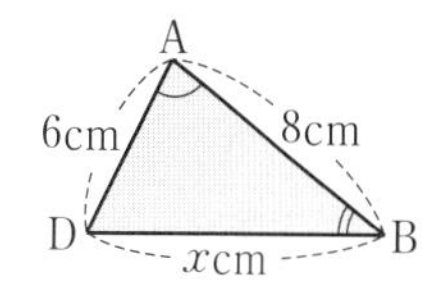

8：6＝12：x

$8x=72$

$x=9$

5 (1) 24 m　(2) 1.90×10^3 m

解き方 (1)

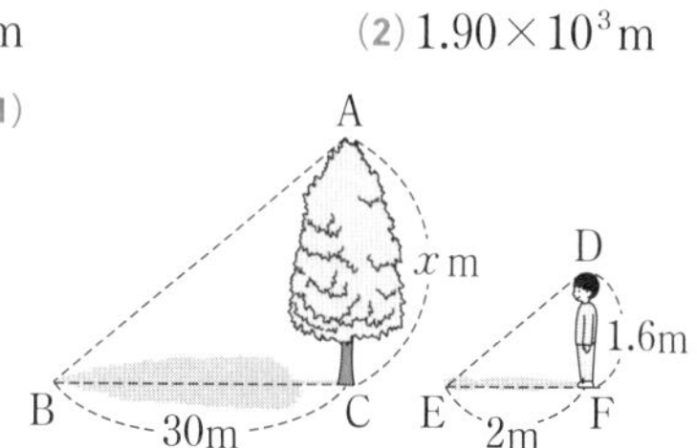

太陽の光は平行であると考えると　△ABC ∽ △DEF

したがって　BC：EF＝AC：DF

AC＝x m とすると

30：2＝x：1.6　$48=2x$　$x=24$

よって，木の高さは　24 m

(2) 有効数字が 1，9，0 だから，(整数部分が 1 けたの数)は，1.90 である。

$1900 = 1.90\times1000 = 1.90\times10^3$

2節 平行線と比

p.36-37　**Step 2**

1 (1) $x=5$　(2) $x=24$

(3) $x=\frac{9}{2}$　(4) $x=8$

解き方 三角形と比の定理を使って求める。

(1) DE∥BC であるから

$AE:AC=DE:BC$

$6:10=3:x$

$6x=30$

$x=5$

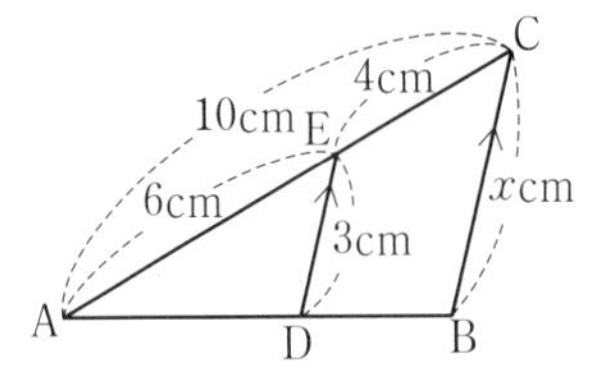

(3) DE∥BC であるから

$AD:DB=AE:EC$

$8:(14-8)=6:x$

$8x=36$

$x=\dfrac{9}{2}$

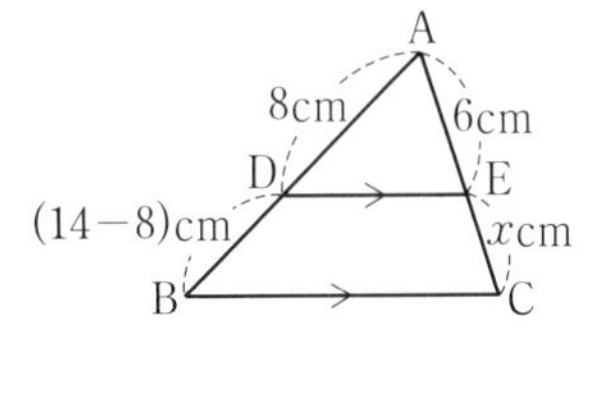

(4) DE∥BC であるから

$AD:AB=DE:BC$

$4:x=5:10$

$40=5x$

$x=8$

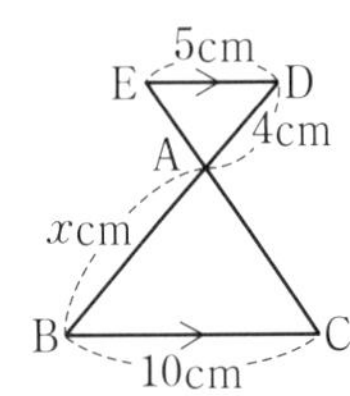

❷ (1) 9 cm　　(2) $\dfrac{61}{5}$ cm

解き方 (1) EG∥BC であるから

$AE:AB=EG:BC$

EG$=x$ cm とすると

$6:10=x:15$

$90=10x$

$x=9$

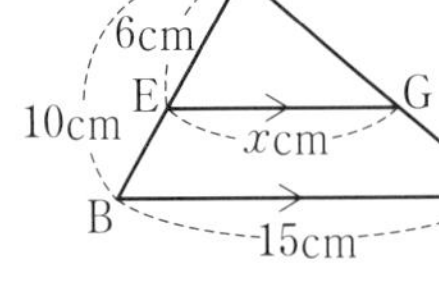

(2) (1) より

$AG:AC=AE:AB=6:10=3:5$

よって $CG:CA=2:5$

GF∥AD であるから

$CG:CA=FG:DA$

FG$=y$ cm とすると

$2:5=y:8$

$16=5y$　$y=\dfrac{16}{5}$

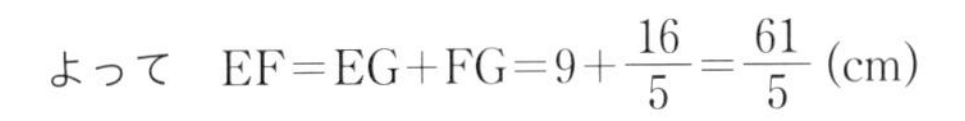
よって　$EF=EG+FG=9+\dfrac{16}{5}=\dfrac{61}{5}$ (cm)

❸ 9

解き方 EF∥CD であるから

$BF:BD=FE:DC$

$=6:18=1:3$

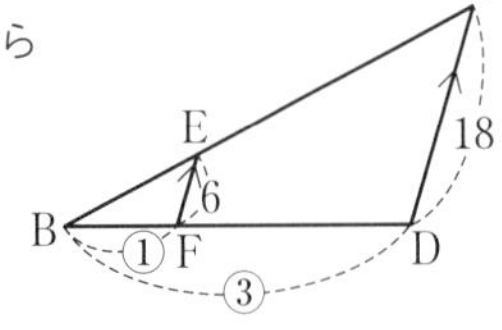

また，EF∥AB であるから

$DF:DB=EF:AB$

$BF:BD=1:3$ であるから

$DF:DB=2:3$

$AB=x$ とすると

$2:3=6:x$

$2x=18$

$x=9$

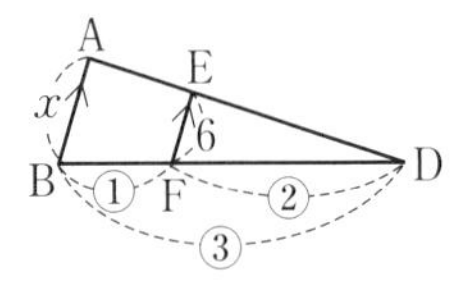

❹ (1) 1：1　　(2) 4：1

解き方 (1) D，E は辺 AC を 3 等分した点であるから

$CE:ED=1:1$

BD∥FE より

$CF:FB=CE:ED$

$=1:1$

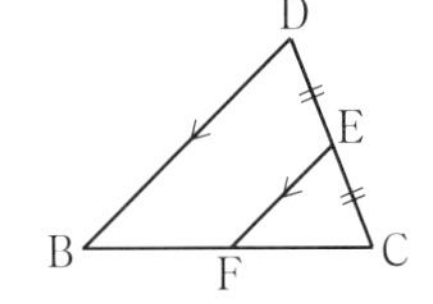

(2) D，E は辺 AC を 3 等分した点であるから

$AD:DE=1:1$

BD∥FE より

$AG:GF=AD:DE$

$=1:1$

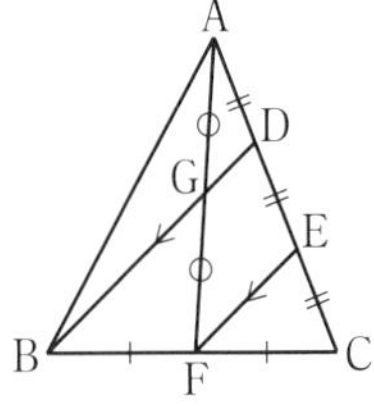

よって，△AFE において，点 D，G はそれぞれ辺 AE，AF の中点であるから　$DG=\dfrac{1}{2}EF$

(1) より，△CDB において，点 E，F はそれぞれ辺 CD，CB の中点であるから　$DB=2EF$

したがって　$DB:DG=2EF:\dfrac{1}{2}EF=4:1$

❺ △DAB において

E は AD の中点，G は BD の中点であるから

EG∥AB，$EG=\dfrac{1}{2}AB$

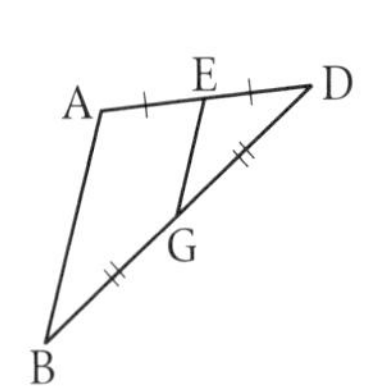

△CAB においても同様にして

HF∥AB，$HF=\dfrac{1}{2}AB$

したがって

EG∥HF，$EG=HF$

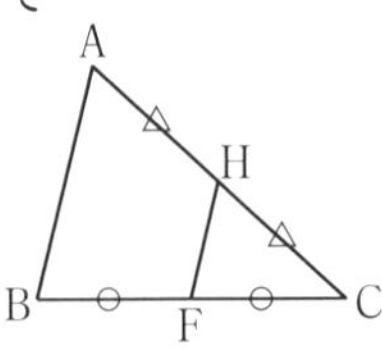

1組の対辺が平行でその長さが等しいから，四角形 EGFH は平行四辺形である。

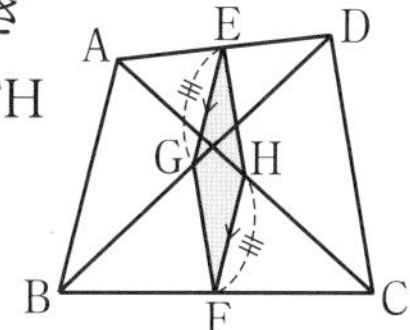

解き方 上の図のように，それぞれの三角形に分け，中点連結定理を使う。
△ACD と △BCD で証明してもよい。

❻ (1) $x=1.8$　(2) $x=\frac{7}{4}$

解き方 (2) 平行線と比の定理より
$7:x=8:2$　$14=8x$　$x=\frac{14}{8}=\frac{7}{4}$

❼ 6 cm

解き方 BD：DC＝AB：AC
＝12：8＝3：2
よって
$BD=10\times\frac{3}{5}=6$ (cm)

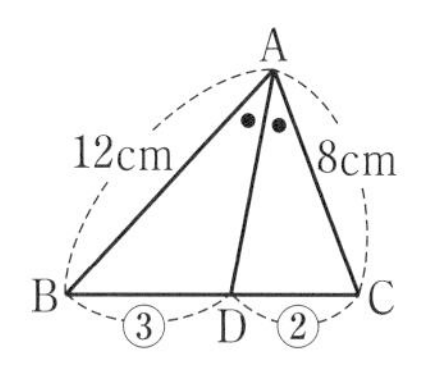

3節 相似な図形の面積と体積

p.38-39 Step 2

❶ (1) 2：3　(2) 16：49　(3) 108 cm^2

解き方 (1) 相似な平面図形では，周の長さの比は相似比に等しい。
(3) 四角形 ABCD と四角形 A′B′C′D′ の面積比は
$5^2:6^2=25:36$
四角形 A′B′C′D′ の面積を x cm^2 とすると
$25:36=75:x$　$25x=2700$　$x=108$

❷ (1) ①　9：25　②　9：16
(2) △ADE…18 cm^2　台形 DBCE…32 cm^2

解き方 (1) ①　$\triangle ADE:\triangle ABC=3^2:(3+2)^2$
$=9:25$
②　△ADE：台形 DBCE
$=\triangle ADE:(\triangle ABC-\triangle ADE)$
$=9:(25-9)=9:16$
(2) △ADE の面積を x cm^2 とすると
△ADE：△ABC＝9：25 より
$x:50=9:25$　$25x=450$　$x=18$
台形 DBCE＝△ABC－△ADE
$=50-18=32(cm^2)$

❸ (1) 9：25　(2) 27：125

解き方 円柱の高さの比が相似比になる。相似な立体の表面積の比は，相似比の2乗に等しく，相似な立体の体積比は，相似比の3乗に等しい。

❹ (1) Q の表面積…1250 cm^2
P の体積…4.8 cm^3
(2) 625 cm^3　(3) $\frac{216}{125}$ 倍

解き方 (1) Q の表面積を x cm^2 とすると
$2^2:5^2=200:x$　$4x=25\times200$　$x=1250$
P の体積を y cm^3 とすると
$2^3:5^3=y:75$　$8\times75=125y$　$y=4.8$
(2) 底面積がそれぞれ 32 cm^2，50 cm^2 であるから，R，S の相似比は
$\sqrt{32}:\sqrt{50}=4\sqrt{2}:5\sqrt{2}=4:5$
S の体積を x cm^3 とすると
$4^3:5^3=320:x$　$64x=125\times320$　$x=625$
(3) 表面積がそれぞれ 216 cm^2，150 cm^2 であるから，T，U の相似比は
$\sqrt{216}:\sqrt{150}=6\sqrt{6}:5\sqrt{6}=6:5$
したがって，T，U の体積比は　$6^3:5^3=216:125$
よって，T の体積は，U の体積の $\frac{216}{125}$ 倍

p.40-41 Step 3

❶ (1) △ABC ∽ △ADE
2 組の辺の比とその間の角がそれぞれ等しい。
(2) △ACD ∽ △DBE　△ADE ∽ △ABD
2 組の角がそれぞれ等しい。
(3) △ABC ∽ △DAC
3 組の辺の比がすべて等しい。

❷ (1) $x=16$　(2) $x=4$　(3) $x=3$
(4) $x=\frac{78}{5}$　(5) $x=\frac{15}{2}$

❸ (1) 解き方参照　(2) 3：5
(3) 9：25　(4) 25：9

❹ 解き方参照

❺ (1) 375 cm^2　(2) 1：216

❻ (1) 1：3：5　(2) 1：7：19

解き方

❶ 相似な三角形を取り出し，向きをそろえる。

(1)

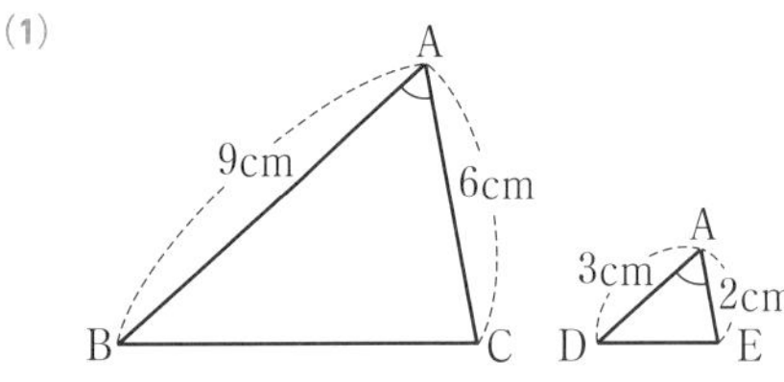

(2) 三角形の内角，外角の性質より

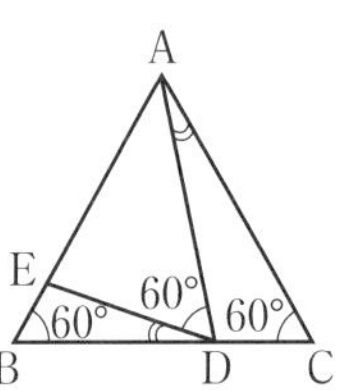

$60°+∠DAC=∠ADB$
$∠ADB=60°+∠EDB$
よって $∠DAC=∠EDB$

(3)

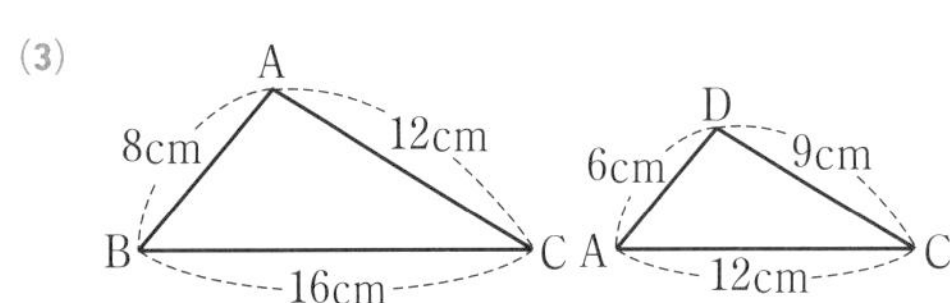

❷ (3) △EMN において，中点連結定理より
$MN=2x$
△ABC において，中点連結定理より
$BC=2MN$ であるから　$12=4x$　$x=3$

❸ (1) △AED と △GEC において，
AD∥CG で，平行線の錯角は等しいから
$∠DAE=∠CGE$　……①
$∠EDA=∠ECG$　……②
①，②より，2 組の角がそれぞれ等しいから
△AED ∽ △GEC

別解 対頂角は等しいから，$∠AED=∠GEC$ を使って証明してもよい。

(2) (1) より，
△AED ∽ △GEC
であるから，

CG：DA＝CE：DE＝2：3
▱ABCD で，AD＝BC であるから
AD：BG＝3：(3＋2)＝3：5

(3) △AFD ∽ △GFB で，AD：BG＝3：5 より，
面積比は　$3^2：5^2=9：25$

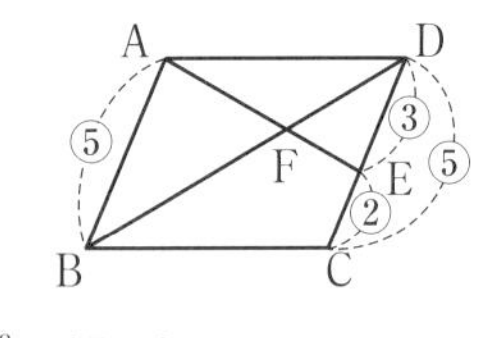

(4) △ABF ∽ △EDF で，
AB＝DC より
AB：ED＝5：3
よって，面積比は　$5^2：3^2=25：9$

❹ △BAC において，P は辺 AB の中点，Q は辺 BC の中点であるから

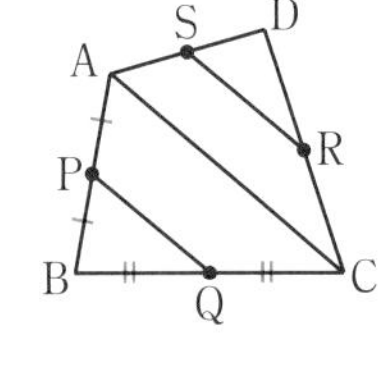

$PQ=\frac{1}{2}AC$
△DCA も同様にして
$RS=\frac{1}{2}AC$
また，△ABD において，P は辺 AB の中点，S は辺 DA の中点であるから

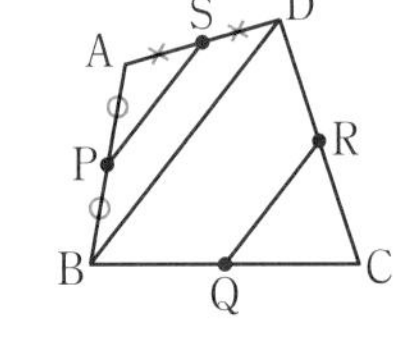

$PS=\frac{1}{2}BD$
△CBD も同様にして
$QR=\frac{1}{2}BD$
AC＝BD より　PQ＝RS＝SP＝QR
したがって，4 つの辺の長さがすべて等しいから，四角形 PQRS はひし形である。

❺ (1) Q の表面積を x cm^2 とすると
$3^2：5^2=135：x$　$9x=25×135$　$x=375$
(2) 1 つの面の面積がそれぞれ 1 cm^2，36 cm^2 であるから，R と T の相似比は　$\sqrt{1}：\sqrt{36}=1：6$
よって，体積比は　$1^3：6^3=1：216$

❻ A と B を合わせた円錐を P，A と B と C を合わせた円錐を Q とすると，円錐 A と円錐 P と円錐

Q の相似比は　1：2：3

(1) 円錐 A，P，Q の側面積の比は

$1^2 : 2^2 : 3^2 = 1 : 4 : 9$

よって，A，B，C の側面積の比は

$1 : (4-1) : (9-4) = 1 : 3 : 5$

(2) 円錐 A，P，Q の体積比は

$1^3 : 2^3 : 3^3 = 1 : 8 : 27$

よって，A，B，C の体積比は

$1 : (8-1) : (27-8) = 1 : 7 : 19$

6 章 円

1 節 円周角の定理

2 節 円周角の定理の利用

p.43-45　**Step 2**

❶ (1) 55°　(2) 90°　(3) 115°

(4) 40°　(5) 55°　(6) 94°

解き方 円周角の定理を利用する。

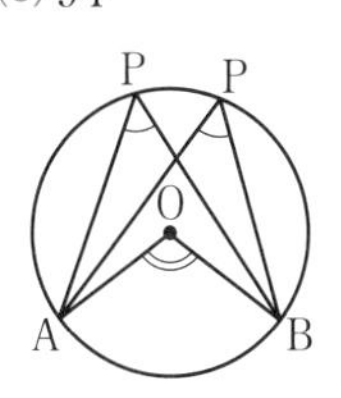

(1)，(2)，(3)は，

$\angle APB = \frac{1}{2}\angle AOB$ を使う。

(4)，(5)，(6)は，

「1 つの弧に対する円周角の大きさは一定である」を使う。

(1) $\angle x = \frac{1}{2} \times 110° = 55°$

(2) $45° = \frac{1}{2}\angle x$ より　$\angle x = 45° \times 2 = 90°$

(3) $\angle AOB = 360° - 130° = 230°$

$\angle x = \frac{1}{2} \times 230° = 115°$

(4) $\overset{\frown}{BC}$ に対する円周角の大きさは一定であるから

$\angle BAC = \angle BDC$

よって　$\angle x = 40°$

(5) $\overset{\frown}{BC}$ に対する円周角であるから

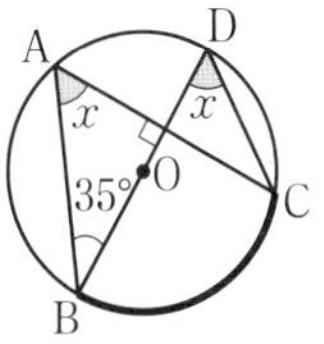

$\angle x = \angle BAC$

$= 180° - (35° + 90°)$

$= 55°$

(6) 右の図で，$\overset{\frown}{AB}$ に対する円周角であるから

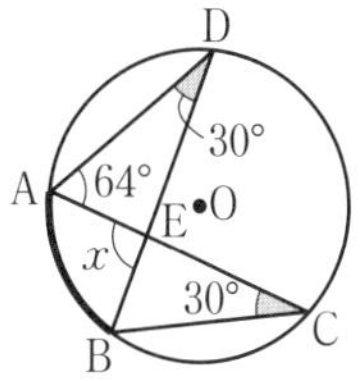

$\angle ADB = \angle ACB = 30°$

$\angle x$ は $\triangle AED$ の頂点 E における外角であるから，三角形の内角，外角の性質より

$\angle x = 64° + 30° = 94°$

❷ (1) ∠ABD，∠ACD　(2) 120°

解き方 (1) 点 E を通る $\overset{\frown}{AD}$ に対する円周角は，右の図のようになる。

よって，この弧に対する円周角は，$\angle ABD$ と $\angle ACD$ である。

(2) $\angle CDE$ に対する中心角は

$\angle BOC + \angle EOB = 70^\circ + 170^\circ$

$= 240^\circ$

$\angle CDE = \dfrac{1}{2} \times 240^\circ = 120^\circ$

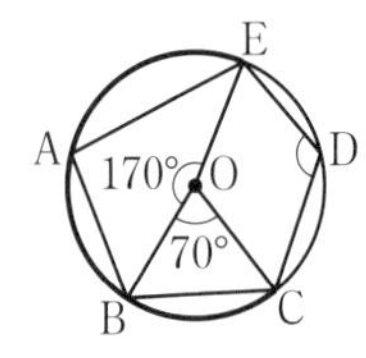

3 (1) $x = 40$　(2) $x = 4$　(3) $x = 5$

解き方 円周角と弧の定理を使う。

(1)は，「等しい弧に対する円周角は等しい」

(2)，(3)は，「等しい円周角に対する弧は等しい」

をそれぞれ使う。

(1) $\overset{\frown}{AB} = \overset{\frown}{CD}$ で，等しい弧に対する円周角は等しいから　$\angle x = 40^\circ$

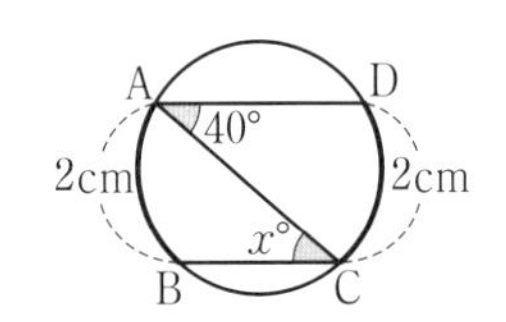

(2) OB＝OC であるから，

△OBC は二等辺三角形である。

よって $\angle OCB$

$= (180^\circ - 120^\circ) \div 2$

$= 30^\circ = \angle DAC$

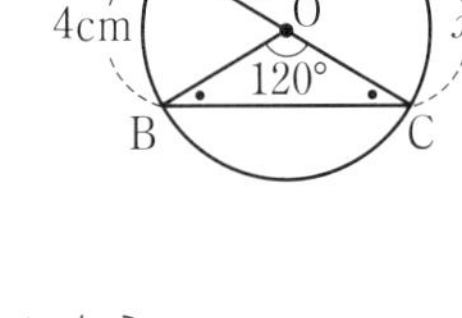

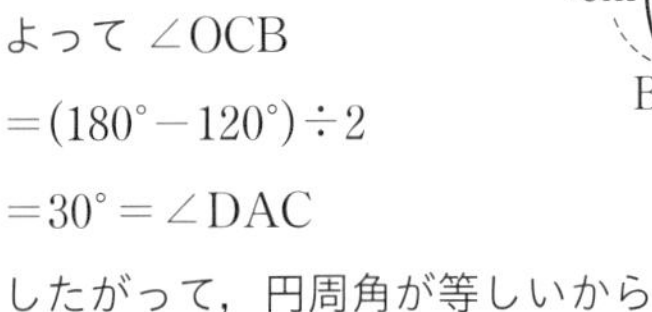

したがって，円周角が等しいから

$\overset{\frown}{DC} = \overset{\frown}{AB} = 4$ cm　つまり　$x = 4$

(3) 円周角が等しいから　$x = 5$

4 (1) $\angle ADB$，$\angle CAD$，$\angle CBD$

(2) 仮定より，$\overset{\frown}{AB} = \overset{\frown}{CD}$

円周角と弧の定理より，$\angle ACB = \angle DBC$

よって，錯角が等しいから，AC∥BD

解き方 (1) $\overset{\frown}{AB}$ に対する円周角の大きさは一定であるから　$\angle ACB = \angle ADB$

また，等しい弧に対する円周角は等しいから

$\angle ACB = \angle CAD = \angle CBD$

5 ㋐，㋑

解き方 ㋐ △AED で，三角形の内角，外角の性質より

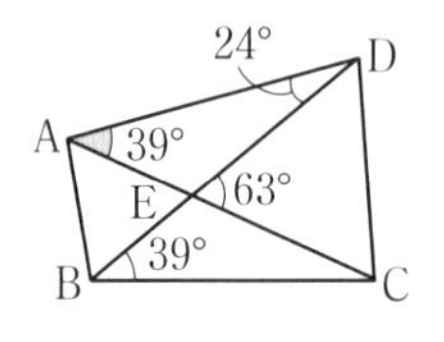

$\angle CAD = 63^\circ - 24^\circ = 39^\circ$

$\angle CBD = \angle CAD = 39^\circ$

であるから，4 点 A，B，C，D は 1 つの円周上にある。

㋑ AB＝DC，BC は共通，

$\angle ABC = \angle DCB = 78^\circ$

より，2 組の辺とその間の角がそれぞれ等しいから　△ABC≡△DCB

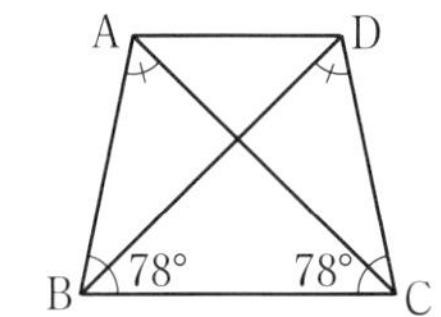

よって，$\angle CAB = \angle BDC$ であるから，4 点 A，B，C，D は 1 つの円周上にある。

㋒ $\angle BAC = 54^\circ$，$\angle BDC = 53^\circ$ で等しくないから，4 点 A，B，C，D は 1 つの円周上にない。

6 $\angle ACB = \angle ADB$ であるから，4 点 A，B，C，D は 1 つの円周上にある。

$\overset{\frown}{BC}$，$\overset{\frown}{AD}$ において，円周角の定理よりそれぞれ，$\angle BAC = \angle BDC$，$\angle ABD = \angle ACD$ が成り立つ。

解き方 まず，4 点 A，B，C，D が 1 つの円周上にあることを示し，$\overset{\frown}{BC}$，$\overset{\frown}{AD}$ に対して，円周角の定理を使って証明する。

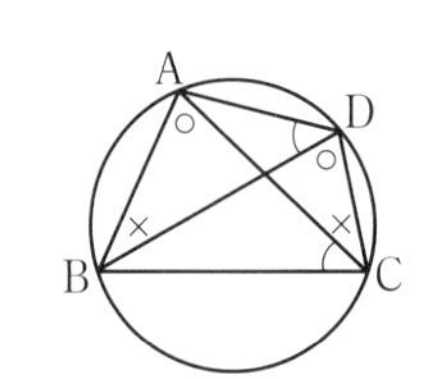

7 (例)

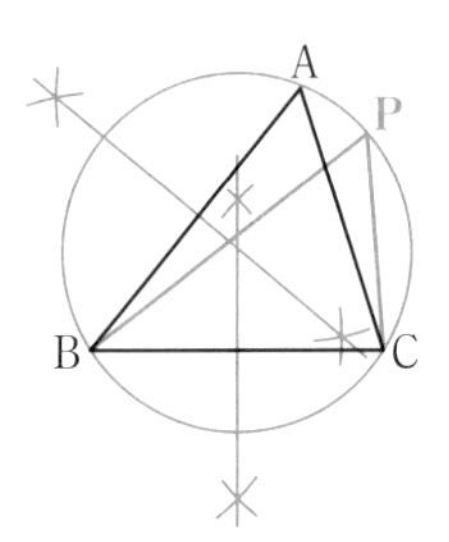

解き方 AB，BC の垂直二等分線をひき，3 点 A，B，C を通る円の中心 O を求める。O を中心とし，3 点 A，B，C を通る円をかく。点 P は，点 A をふくむ $\overset{\frown}{BC}$ 上(端点を除く)ならば，どこにとってもよい。

8 (1) $\angle ABC$

(2) △PAD と △PCB において

$\overset{\frown}{AC}$ に対する円周角であるから

$\angle ADP = \angle CBP$ ……①

$\angle P$ は共通 ……②

①，②より，2 組の角がそれぞれ等しいから

$\triangle PAD \backsim \triangle PCB$

解き方 (2) 円周角の定理を使い，2 組の角がそれぞれ等しいことを示す。

❾ $\triangle ABE$ と $\triangle BDE$ において

$\overset{\frown}{EC}$ に対する円周角であるから

$\angle CAE = \angle EBD$

$\angle CAE = \angle EAB$ より

$\angle EAB = \angle EBD$ ……①

共通な角だから

$\angle AEB = \angle BED$ ……②

①，②より，2 組の角がそれぞれ等しいから

$\triangle ABE \backsim \triangle BDE$

解き方 円周角の定理を使い，2 組の角がそれぞれ等しいことを示す。

p.46-47 Step 3

❶ (1) 57° (2) 44° (3) 38°

(4) 96° (5) 70° (6) 120°

❷ $\angle x = 36°$ $\angle y = 72°$ $\angle z = 108°$

❸ (1) ○ (2) × (3) ○

❹

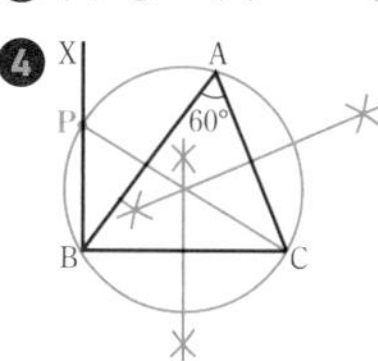

❺ (1) AP…AS BP…BQ

CR…CQ DR…DS

(2) 10

❻ (1) $\triangle PAC \backsim \triangle PDB$ (2) $\frac{20}{3}$ cm

❼ 解き方参照

解き方

❶ (1) $\angle APB = \frac{1}{2}\angle AOB$ より

$\angle x = \frac{1}{2} \times 114° = 57°$

(2) 直径と円周角の定理より

$\angle BCD = 90°$

円周角の定理より

$\angle ACD = \angle ABD = 46°$

よって

$\angle x = 90° - 46° = 44°$

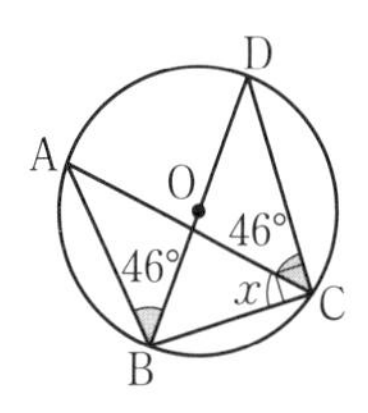

(3) 円周角の定理より

$\angle ACD = \angle ABD = 42°$

$\triangle CDE$ において，三角形の内角，外角の性質より

$\angle x = 80° - 42° = 38°$

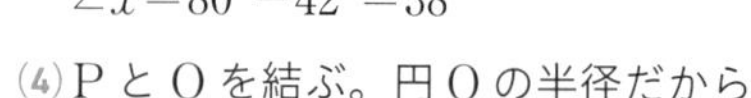

(4) P と O を結ぶ。円 O の半径だから

$OA = OB = OP$

よって，$\triangle OAP$ と $\triangle OBP$ は二等辺三角形である。

したがって

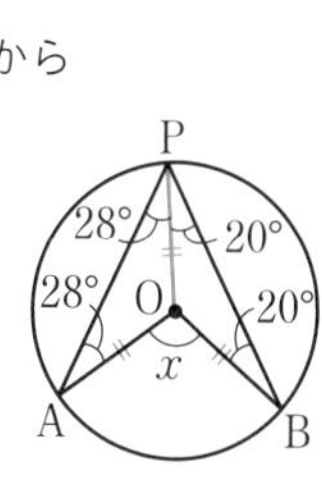

$\angle OPA = \angle OAP = 28°$

$\angle OPB = \angle OBP = 20°$

$\angle x = 2\angle APB = 2 \times (28° + 20°) = 96°$

(5) F と C を結ぶ。

円周角の定理より

$\angle BFC = \angle BAC = 40°$

$\angle CFD = \angle CED = 30°$

$\angle x = \angle BFC + \angle CFD$

$= 40° + 30°$

$= 70°$

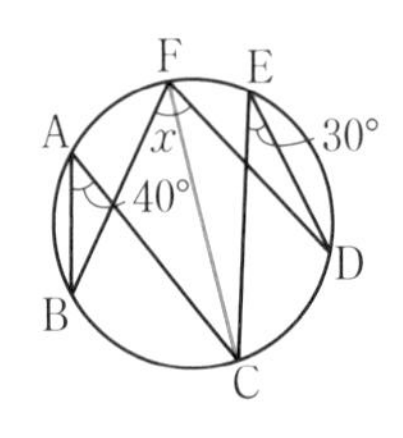

(6) A と C を結ぶ。直径と円周角の定理より

$\angle BAC = 90°$

円周角の定理より

$\angle CAD = \angle CBD = 30°$

$\angle x = 90° + 30° = 120°$

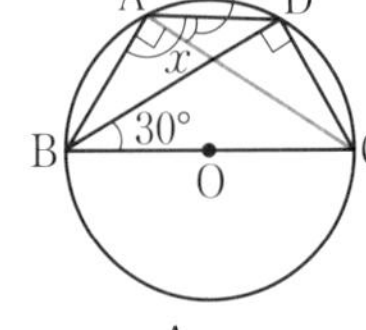

❷ 円周を A，B，C，D，E によって 5 等分しているから

$\angle COD = 360° \div 5 = 72°$

円周角の定理より

$\angle x = \angle COD \div 2$

$= 72° \div 2 = 36°$

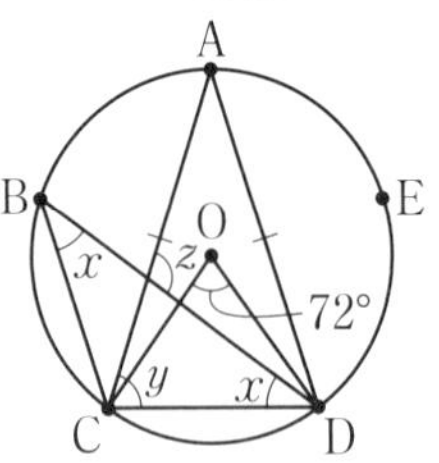

△ACD は AC＝AD の二等辺三角形であり，

$\angle CAD = \angle CBD = 36°$ であるから

$\angle y = (180° - 36°) \div 2 = 72°$

また，$\overparen{BC} = \overparen{CD}$ より $\angle CBD = \angle BDC$

三角形の内角，外角の性質より

$\angle z = \angle BDC + \angle ACD = \angle x + \angle y$

$= 36° + 72° = 108°$

別解 $\angle x$，$\angle y$ は次のように求めてもよい。

円周角の定理より

$\angle CAD = \angle CBD = \angle x$

円周角と弧の定理より

$\angle BAC = \angle CAD = \angle DAE$

$= \angle x$

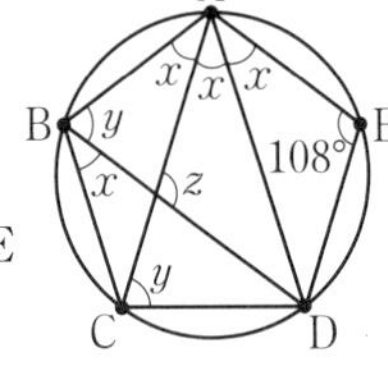

$\angle x = \frac{1}{3} \times 108° = 36°$

$\angle y = 108° - \angle x = 108° - 36° = 72°$

❸ (1) △ABE において，三角形の内角，外角の性質より

$\angle BAC = 110° - 55°$

$= 55°$

$\angle BDC = \angle BAC = 55°$

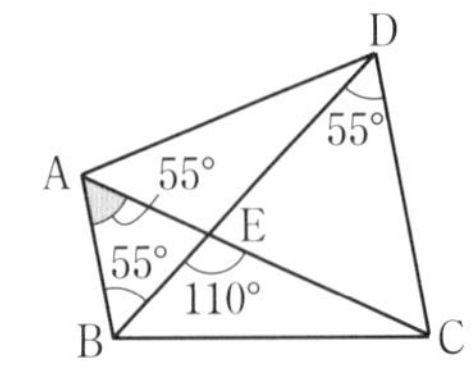

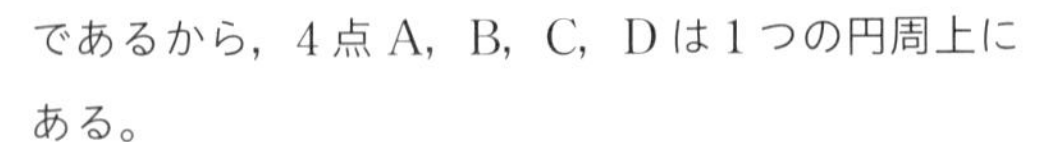

であるから，4 点 A，B，C，D は 1 つの円周上にある。

(2) $\angle ABD = 65°$，$\angle ACD = 60°$ で等しくないから，4 点 A，B，C，D は 1 つの円周上にない。

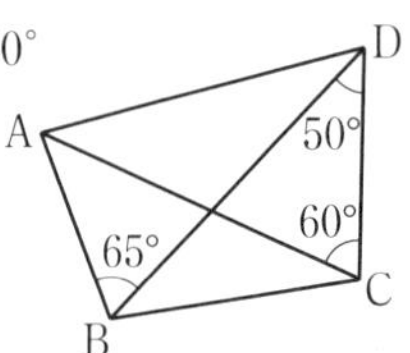

(3) $\angle BAC = \angle BDC = 90°$ であるから，円周角の定理の逆より，4 点 A，B，C，D は 1 つの円周上にある。

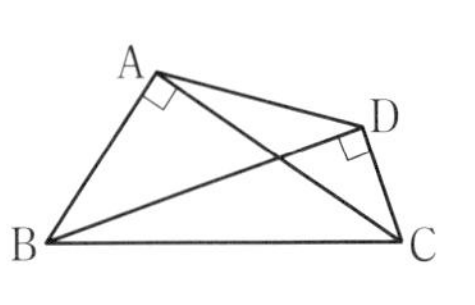

❹ 3 点 A，B，C を通る円と半直線 BX との交点が点 P である。

① AC，BC の垂直二等分線をひき，その交点を O とする。

② O を中心とし，3 点 A，B，C を通る円をかく。

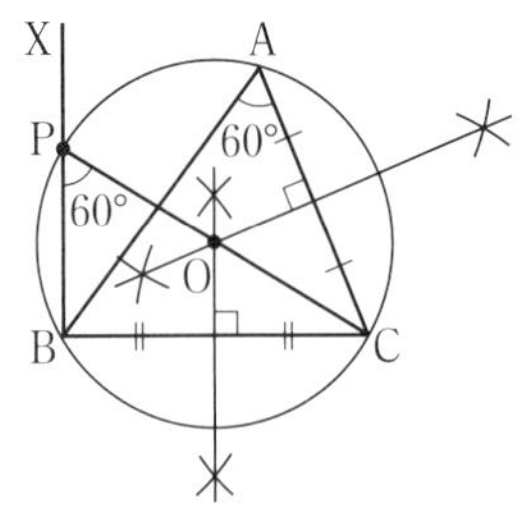

③ ②の円と半直線 BX との交点を P とする。

4 点 A，B，C，P が 1 つの円周上にあれば，円周角の定理より，$\angle BPC = \angle BAC = 60°$ となり，半直線 BX 上に $\angle BPC = 60°$ となる点 P が作図できる。

❺ (1) 円外の 1 点から，その円にひいた 2 つの接線の長さは等しいから

AP＝AS，BP＝BQ，

CR＝CQ，DR＝DS

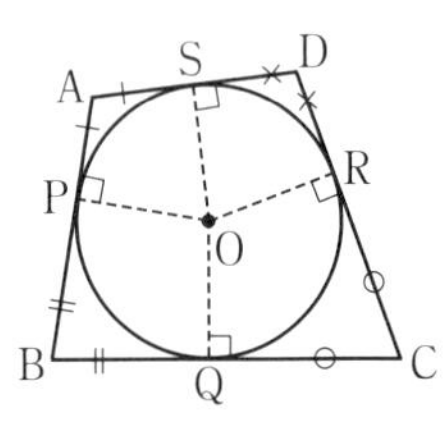

(2) AD＋BC＝(AS＋SD)＋(BQ＋QC)

＝(AP＋RD)＋(BP＋RC)

＝(AP＋BP)＋(RD＋RC)

＝AB＋DC

よって　AB＋DC＝AD＋BC＝10

❻ (1) 円周角の定理より

$\angle PAC = \angle PDB$

$\angle ACP = \angle DBP$

よって，2 組の角がそれぞれ等しいから　△PAC ∽ △PDB

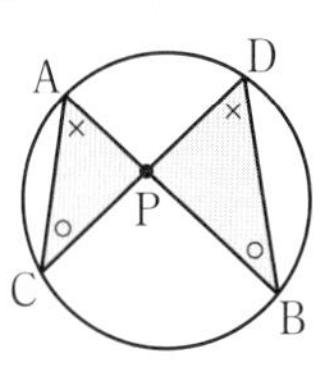

別解 対頂角は等しいから　∠CPA＝∠BPD
を根拠にして，相似な三角形を考えてもよい。

(2) △PAC ∽ △PDB より

PA：PD＝PC：PB

5：PD＝6：8

40＝6PD

$$\mathrm{PD}=\frac{40}{6}=\frac{20}{3}\ (\mathrm{cm})$$

❼ △ACD と △AEF において
円周角の定理より

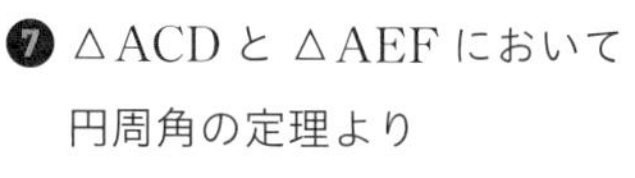

∠ACD＝∠AEF

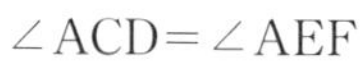

∠ADC＝∠AFE

よって，2 組の角がそれぞれ等しいから

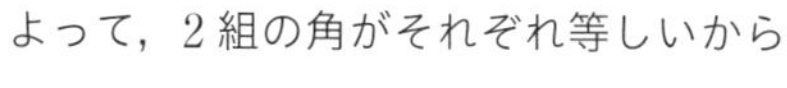

△ACD ∽ △AEF

7章 三平方の定理

1節 三平方の定理

p.49 **Step ❷**

❶ (1) $x=15$　(2) $x=8$

(3) $x=5$　(4) $x=16$

解き方 三平方の定理にあてはめる。

(1) 斜辺は x cm であるから

$9^2+12^2=x^2$　$81+144=x^2$　$x^2=225$

$x>0$ であるから $x=\sqrt{225}=15$

(2) 斜辺は 17 cm であるから

$x^2+15^2=17^2$　$x^2+225=289$　$x^2=64$

$x>0$ であるから $x=\sqrt{64}=8$

(3) 斜辺は 13 cm であるから

$12^2+x^2=13^2$　$x^2=169-144=25$

$x>0$ であるから $x=\sqrt{25}=5$

(4) AH＝h cm とする。

△ACH において，斜辺が 15 cm であるから

$h^2+9^2=15^2$　$h^2=144$

△ABH において，斜辺が 20 cm であるから

$h^2+x^2=20^2$　$144+x^2=400$　$x^2=256$

$x>0$ であるから　$x=\sqrt{256}=16$

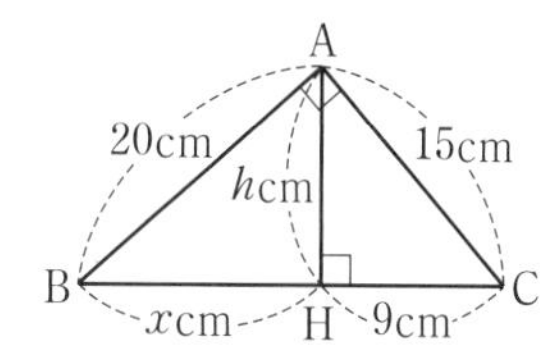

別解 次のように考えてもよい。

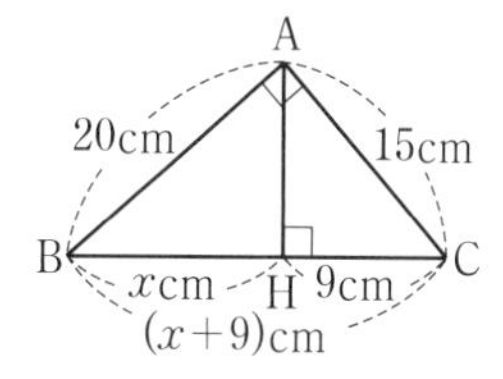

直角三角形 ABC において，

BC＝$(x+9)$ cm，BC は斜辺であるから

$20^2+15^2=(x+9)^2$　$(x+9)^2=625$　$x+9=\pm25$

$x=16$，$x=-34$

$x>0$ であるから　$x=16$

❷ (1) $\sqrt{85}$ cm　(2) 9 cm

(3) $2\sqrt{3}$ cm　　(4) 25 cm

解き方 斜辺の長さを x cm とする。

(1) $7^2+6^2=x^2$　$x^2=85$

$x>0$ であるから　$x=\sqrt{85}$

(2) $(4\sqrt{2})^2+7^2=x^2$　$x^2=81$

$x>0$ であるから　$x=9$

(3) $(\sqrt{5})^2+(\sqrt{7})^2=x^2$　$x^2=12$

$x>0$ であるから　$x=\sqrt{12}=2\sqrt{3}$

(4) $7^2+24^2=x^2$　$x^2=625$

$x>0$ であるから　$x=25$

3 ㋒，㋓，㋔

解き方 3 辺の長さ a，b，c の間に，$a^2+b^2=c^2$ の関係が成り立つかどうかを調べればよい。このとき，もっとも長い辺を c とする。

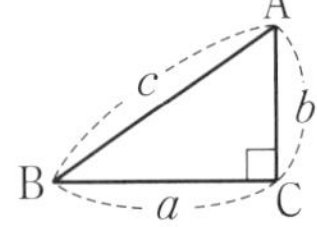

㋐　$a=5$，$b=6$，$c=7$ とすると

$a^2+b^2=5^2+6^2=61$　$c^2=7^2=49$

㋑　$a=6$，$b=8$，$c=11$ とすると

$a^2+b^2=6^2+8^2=100$　$c^2=11^2=121$

㋒　$a=\sqrt{3}$，$b=\sqrt{7}$，$c=\sqrt{10}$ とすると

$a^2+b^2=(\sqrt{3})^2+(\sqrt{7})^2=10$　$c^2=(\sqrt{10})^2=10$

㋓　$a=1.8$，$b=2.4$，$c=3$ とすると

$a^2+b^2=1.8^2+2.4^2=9$　$c^2=3^2=9$

㋔　$a=11$，$b=60$，$c=61$ とすると

$a^2+b^2=11^2+60^2=3721$　$c^2=61^2=3721$

㋕　$3=\sqrt{9}$，$3\sqrt{3}=\sqrt{27}$，$7=\sqrt{49}$ より

$3<3\sqrt{3}<7$

であるから，$a=3$，$b=3\sqrt{3}$，$c=7$ とすると

$a^2+b^2=3^2+(3\sqrt{3})^2=36$　$c^2=7^2=49$

よって，直角三角形は㋒，㋓，㋔

2 節 三平方の定理の利用

p.51 Step 2

1 (1) $12\sqrt{5}$ cm²　　(2) $\left(\dfrac{5\sqrt{7}}{2}+8\right)$ cm²

解き方 補助線をひいて図形を 2 つに分けてみる。

(1) A から BC 上に垂線をひき，BC との交点を H とする。

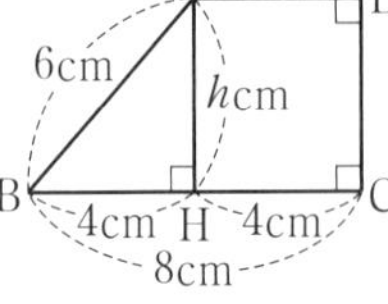

AH$=h$ cm とすると，△ABH は直角三角形だから

$h^2+4^2=6^2$　$h^2=20$

$h>0$ であるから　$h=\sqrt{20}=2\sqrt{5}$

AH は台形の高さだから，台形の面積は

$\dfrac{1}{2}\times(4+8)\times2\sqrt{5}=12\sqrt{5}$ (cm²)

(2) 右の図で，BD$=x$ cm とすると，△BCD は直角三角形であるから，

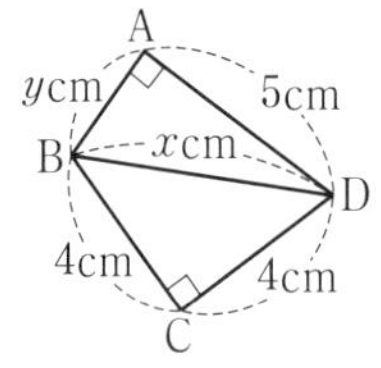

$4^2+4^2=x^2$　$x^2=32$

AB$=y$ cm とすると，△ABD は直角三角形であるから，

$y^2+5^2=x^2$　$y^2+25=32$　$y^2=7$

$y>0$ であるから　$y=\sqrt{7}$

四角形 ABCD$=$△ABD$+$△BCD

$=\dfrac{1}{2}\times\sqrt{7}\times5+\dfrac{1}{2}\times4\times4=\dfrac{5\sqrt{7}}{2}+8$ (cm²)

2 (1) $x=12$　　(2) $x=4\sqrt{2}$

解き方 特別な直角三角形の 3 辺の比を利用する。

(1) 30°，60°，90° の直角三角形の 3 辺の比は

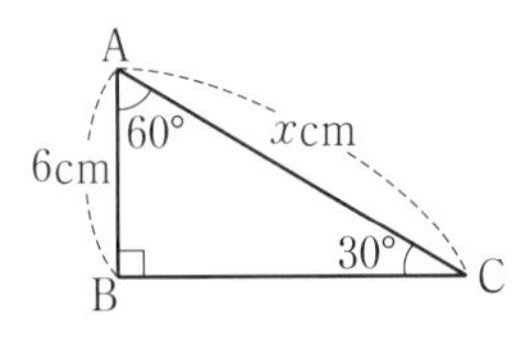

AB：BC：CA

$=1：\sqrt{3}：2$

であるから　$x=6\times2=12$

(2) 45°，45°，90° の直角三角形の 3 辺の比は

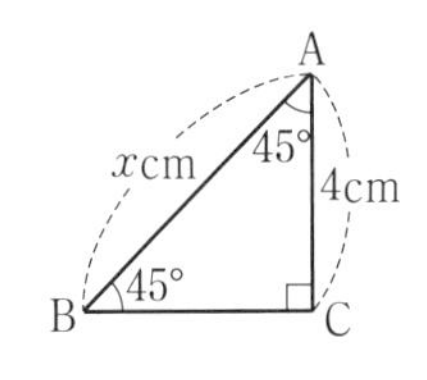

AB：BC：CA$=\sqrt{2}：1：1$

であるから　$x=4\times\sqrt{2}=4\sqrt{2}$

3 (1) 10　　(2) $2\sqrt{10}$ cm

(3) $\sqrt{3}\,a$　　(4) $2\sqrt{17}$ cm

解き方 (1) 座標で考える。

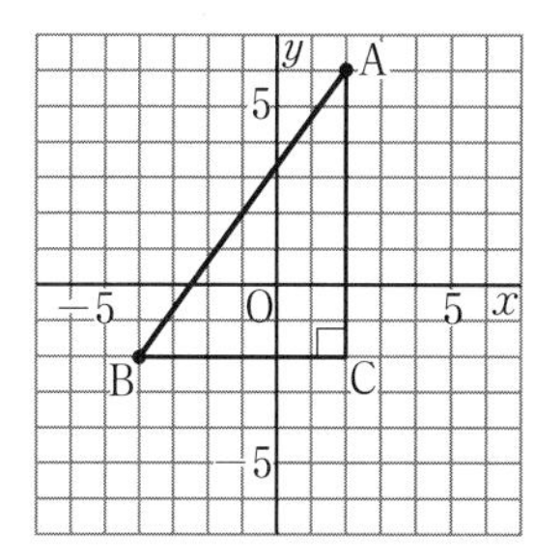

上の図のように，直角三角形 ABC をつくる。

$BC=2-(-4)=6$，$AC=6-(-2)=8$

$AB=d$ とすると　$d^2=6^2+8^2=100$

$d>0$ であるから　$d=\sqrt{100}=10$

(2) 右の図で，切り口の円の中心を O′ とすると，O′A は円 O′ の半径である。

O′A$=x$ cm とすると

$x^2+3^2=7^2$

$x^2=40$

$x>0$ であるから　$x=\sqrt{40}=2\sqrt{10}$

(3) 底面の対角線 FH をひくと，△BFH は対角線 BH を斜辺とする直角三角形になる。

△FGH は，45°，45°，90°の直角三角形であるから

$FH=\sqrt{2}\,a$

よって　$BH^2=(\sqrt{2}\,a)^2+a^2=2a^2+a^2=3a^2$

$BH>0$ であるから　$BH=\sqrt{3a^2}=\sqrt{3}\,a$

別解

$BH=\sqrt{a^2+a^2+a^2}=\sqrt{3a^2}=\sqrt{3}\,a$

と考えてもよい。

(4) 底面に対角線をひき，交点を H とすると，△ABC は 45°，45°，90°の直角三角形であるから

$AC=8\sqrt{2}$ cm

よって　$AH=4\sqrt{2}$ cm

△OAH も直角三角形であるから

$AO^2=AH^2+OH^2$

$10^2=(4\sqrt{2})^2+OH^2$　　$OH^2=68$

$OH>0$ であるから　$OH=\sqrt{68}=2\sqrt{17}$ (cm)

4 (1) $\sqrt{65}$ cm　　(2) $\dfrac{5}{3}$ cm

解き方 (1) 展開図をかいて考える。

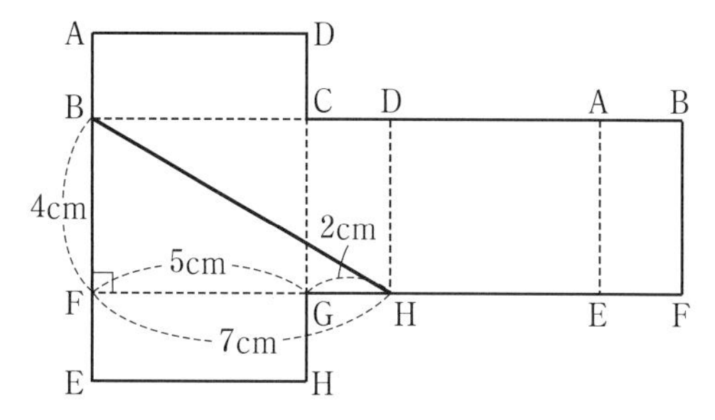

長さがもっとも短くなるときの糸のようすをかくと，上の展開図のように，線分 BH になる。

△BFH は直角三角形であるから

$BH^2=4^2+7^2=65$

$BH>0$ であるから　$BH=\sqrt{65}$ (cm)

(2) △EMF は △EDF を折ったものであるから，

△EMF≡△EDF

よって　MF＝DF

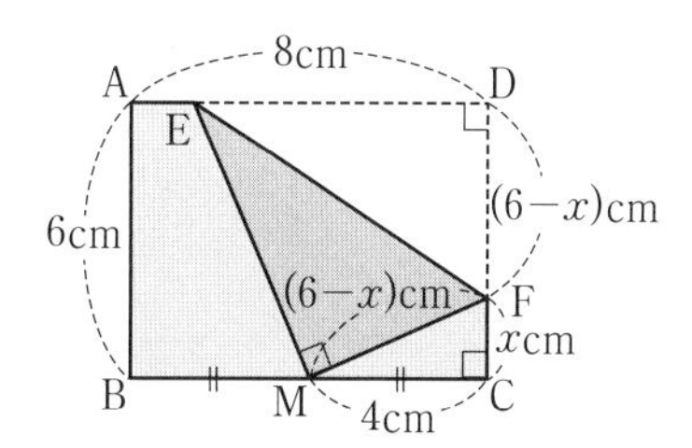

CF$=x$ cm とすると，DF$=(6-x)$ cm であるから

MF＝DF$=(6-x)$ cm

△FCM は直角三角形であるから

$x^2+4^2=(6-x)^2$　　$x^2+16=36-12x+x^2$

$12x=20$　　$x=\dfrac{20}{12}=\dfrac{5}{3}$

▶ 本文 p.52

p.52-53 **Step 3**

❶ (1) $x=2\sqrt{5}$　(2) $x=4\sqrt{2}$　(3) $x=2\sqrt{14}$

❷ (1) ×　(2) ○　(3) ×　(4) ○

❸ AB $8\sqrt{3}$ cm　BC $4\sqrt{3}$ cm

AD $6\sqrt{2}$ cm　CD $6\sqrt{2}$ cm

❹ (1) $16\sqrt{3}$ cm^2　(2) $6\sqrt{2}$　(3) $12\sqrt{2}$ cm

❺ (1) △ABH $AH^2=49-x^2$

△ACH $AH^2=-x^2+16x-39$

(2) $x=\dfrac{11}{2}$　(3) $\dfrac{5\sqrt{3}}{2}$　(4) $10\sqrt{3}$

❻ (1) $\sqrt{22}$ cm　(2) $2\sqrt{13}$ cm　(3) $\dfrac{16\sqrt{17}}{3}$ cm^3

❼ $4\sqrt{3}$ cm

❽ (1) ∠DBE, ∠FDB　(2) $(9-x)$ cm

(3) $\dfrac{5}{2}$ cm

解き方

❶ (1) $2^2+4^2=x^2$　　$x^2=20$

$x>0$ であるから　$x=\sqrt{20}=2\sqrt{5}$

(2) $x^2+7^2=9^2$　　$x^2=32$

$x>0$ であるから　$x=\sqrt{32}=4\sqrt{2}$

(3) △ABD において

$AD^2+6^2=x^2$

$AD^2=x^2-36$

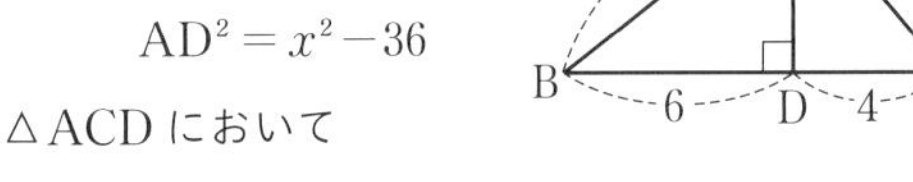

△ACD において

$AD^2+4^2=6^2$　　$AD^2=20$

よって　$x^2-36=20$　　$x^2=56$

$x>0$ であるから　$x=\sqrt{56}=2\sqrt{14}$

❷ 3 辺の長さ a, b, c の間に $a^2+b^2=c^2$ の関係が成り立つかを調べる。もっとも長い辺を c とする。

(1) $a=4$, $b=5$, $c=7$ とすると

$a^2+b^2=4^2+5^2=41$　$c^2=49$

(2) $a=0.9$, $b=1.2$, $c=1.5$ とすると

$a^2+b^2=0.9^2+1.2^2=2.25$　$c^2=2.25$

(3) $2\sqrt{3}=\sqrt{12}$, $3=\sqrt{9}$ であるから

$a=2$, $b=3$, $c=2\sqrt{3}$ とすると

$a^2+b^2=2^2+3^2=13$　$c^2=12$

(4) $2\sqrt{2}=\sqrt{8}$ であるから

$a=\sqrt{2}$, $b=\sqrt{6}$, $c=2\sqrt{2}$ とすると

$a^2+b^2=(\sqrt{2})^2+(\sqrt{6})^2=8$

$c^2=(2\sqrt{2})^2=8$

❸ △ABC は 30°, 60°, 90° の直角三角形であるから

AB : BC : AC $=2:1:\sqrt{3}$

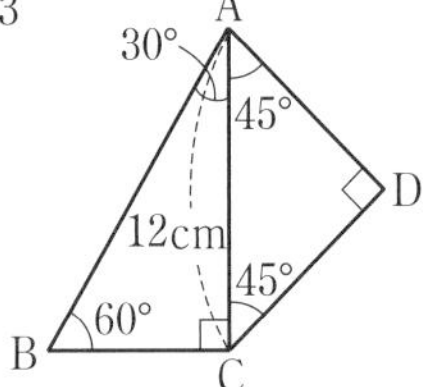

AC=12 cm より

AB : AC $=2:\sqrt{3}$

AB : 12 $=2:\sqrt{3}$

$\sqrt{3}\,AB=24$

$AB=\dfrac{24}{\sqrt{3}}=8\sqrt{3}$ (cm)

BC : AB $=1:2$

BC : $8\sqrt{3}=1:2$

$2BC=8\sqrt{3}$

$BC=\dfrac{8\sqrt{3}}{2}=4\sqrt{3}$ (cm)

△ACD は 45°, 45°, 90° の直角三角形であるから

AC : AD : CD $=\sqrt{2}:1:1$

AD : AC $=1:\sqrt{2}$

AD : 12 $=1:\sqrt{2}$

$\sqrt{2}\,AD=12$

$AD=\dfrac{12}{\sqrt{2}}=6\sqrt{2}$ (cm)

$CD=AD=6\sqrt{2}$ cm

❹ (1) 頂点 A から辺 BC に垂線 AD をひくと，D は BC の中点になる。△ABD で

$AD^2+4^2=8^2$

$AD^2=64-16=48$

AD > 0 であるから

$AD=4\sqrt{3}$ (cm)

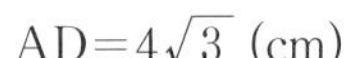

求める面積は，$\dfrac{1}{2}\times8\times4\sqrt{3}=16\sqrt{3}$ (cm^2)

(2) AB を斜辺として，他の 2 辺が座標軸に平行な直角三角形をつくる。

A, B, C の座標はそれぞれ，A(4, 8), B(−2, 2), C(4, 2)

よって $BC=4-(-2)=6$

$AC=8-2=6$

$AB=d$ とすると $d^2=6^2+6^2=72$

$d>0$ であるから $d=\sqrt{72}=6\sqrt{2}$

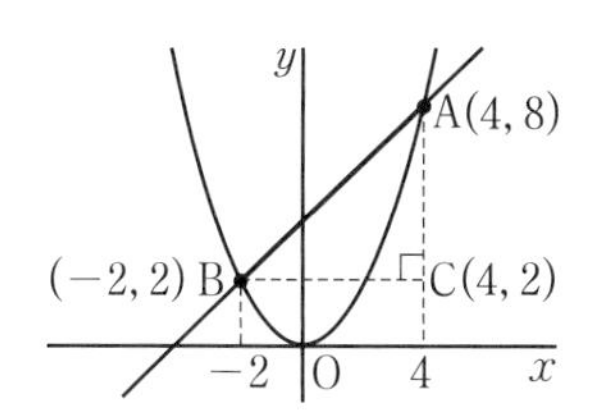

(3) 中心 O から，弦 AB に垂線 OH をひくと，下の図より，△OAH≡△OBH であるから，H は AB の中点となる。

AH$=x$ cm とすると，

△OAH は直角三角形であるから，

$x^2+3^2=9^2$　　$x^2=72$

$x>0$ であるから $x=\sqrt{72}=6\sqrt{2}$

AB$=$2AH$=2\times6\sqrt{2}=12\sqrt{2}$ (cm)

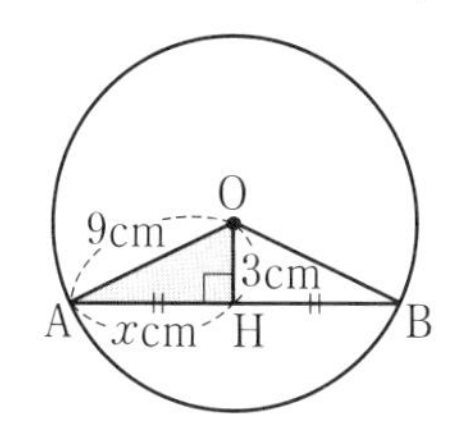

❺ (1) BH$=x$ とすると，CH$=8-x$ と表せる。

△ABH で

AH$^2+x^2=7^2$

AH$^2=49-x^2$

△ACH で

AH$^2+(8-x)^2=5^2$

AH$^2=25-(8-x)^2=-x^2+16x-39$

❻ (1) 点 M を通り，面 ABCD に平行な面を PQRM とする。

BM は直方体 ABCD−PQRM の対角線であるから

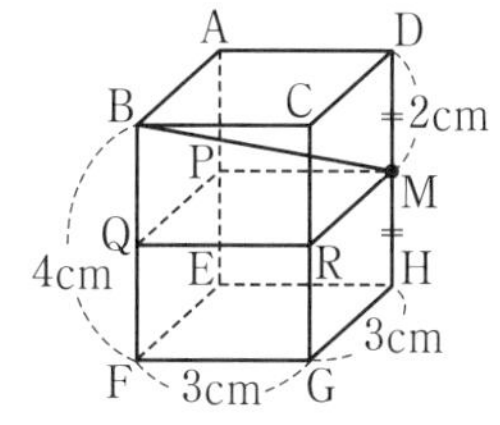

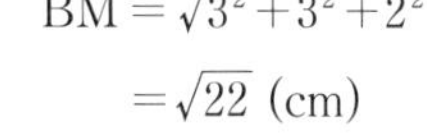

BM$=\sqrt{3^2+3^2+2^2}$

$=\sqrt{22}$ (cm)

(3) 底面に対角線をひき，交点を H とすると，

△ABC は 45°，45°，90°の直角三角形であるから

AC$=4\sqrt{2}$ cm

よって

AH$=2\sqrt{2}$ cm

△OAH も直角三角形であるから

$5^2=(2\sqrt{2})^2+$OH^2

OH$^2=17$

OH>0 であるから　OH$=\sqrt{17}$ (cm)

体積は

$\frac{1}{3}\times4\times4\times\sqrt{17}=\frac{16\sqrt{17}}{3}$ (cm^3)

❼ △AOP は直角三角形であるから

AP$^2+4^2=8^2$　AP$^2=48$

AP>0 であるから　AP$=\sqrt{48}=4\sqrt{3}$ (cm)

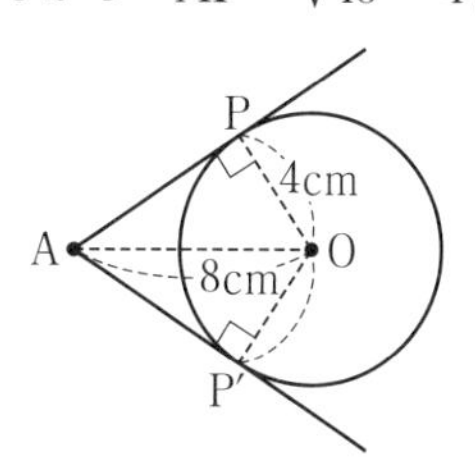

❽ (1) BD を折り目として折り返したから

∠DBC$=$∠DBE(または ∠DBF)

AD∥BC より，錯角が等しいから

∠DBC$=$∠FDB(または ∠ADB)

(2) (1)より，∠DBF$=$∠FDB であるから，

△FBD は二等辺三角形である。

(3) 直角三角形 ABF において

$x^2+6^2=(9-x)^2$

$x^2+36=81-18x+x^2$

$18x=45$

$x=\frac{45}{18}=\frac{5}{2}$

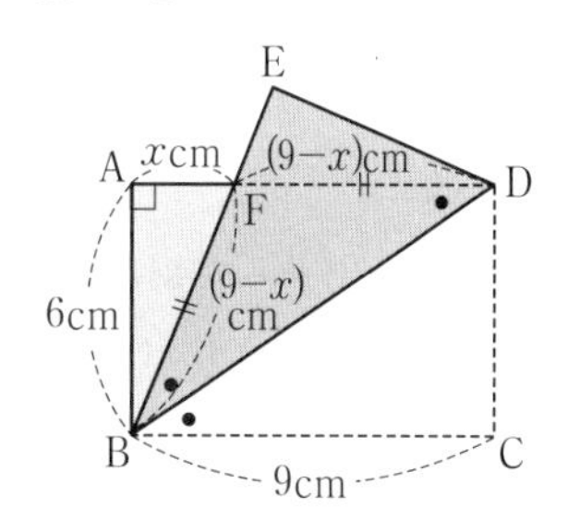

8章 標本調査

1節 標本調査

p.55 Step 2

❶ ㋑，㋒

解き方 全体を調査するのに時間や費用がかかりすぎたり，全部を調べるわけにはいかない場合に標本調査を行う。

❷ (1) 母集団…中学3年生全員2564人
標本…選ばれた100人の生徒
(2) 100

解き方 (1) 標本調査を行うとき，傾向を知りたい集団全体を母集団，母集団の一部分として取り出して実際に調べたものを標本という。
(2) 母集団の一部分として取り出したデータの個数を，標本の大きさという。

❸ ㋑，㋓

解き方 かたよりのないように無作為に抽出し，標本が母集団の正しい縮図になるように選ぶ方法を答える。
標本を無作為に抽出するためには，乱数さいや乱数表，コンピューターの表計算ソフトを使う方法などがある。

❹ およそ133個

解き方 無作為に抽出された製品の数は150個で，その中にふくまれる不良品の割合は

$$\frac{2}{150}=\frac{1}{75}$$

したがって，製品全体のうち，不良品の総数は，およそ

$$10000\times\frac{1}{75}=133.3\cdots(個)$$

p.56 Step 3

❶ (1) 全数調査　(2) 標本調査　(3) 全数調査
(4) 標本調査

❷ (1) ○　(2) ×　(3) ○

❸ (1) ある都市の有権者92357人
(2) 選び出された2000人　(3) 2000

❹ (1) およそ850個　(2) およそ600個

解き方

❶ (1) ある中学校3年生の進路調査は，3年生全員にそれぞれ行う調査であるから，全数調査でなければならない。
(2) ある選挙の出口調査を全数調査で行うことは，時間も費用もかかりすぎる。
(3) ある高校で行う入学試験は，受験者全員の点数を知るために，全数調査でなければならない。
(4) ある湖にいる魚の数の調査を全数調査で行うことは，時間も費用もかかりすぎる。

❷ (2) 日本人のある1日のテレビの視聴時間は，ある中学校の生徒全員ではなく，日本人の中から標本を，無作為に抽出しなければならない。

❸ 標本調査を行うとき，傾向を知りたい集団全体を母集団，母集団の一部分として取り出して実際に調べたものを標本，取り出したデータの個数を標本の大きさという。

❹ (1) 無作為に抽出されたあさがおの種の数は20個で，発芽率は

$$\frac{17}{20}$$

よって，全体のあさがおの種のうち，発芽する総数は，およそ

$$1000\times\frac{17}{20}=850(個)$$

(2) 無作為に抽出された球の数は100個で，その中にふくまれる白球の割合は

$$\frac{15}{100}=\frac{3}{20}$$

よって，袋の中全体の黒球の数をx個とすると

$$(x+100)\times\frac{3}{20}=100 \quad x=\frac{1700}{3}=566.6\cdots$$

十の位を四捨五入すると，およそ600個。

テスト前 ☑ やることチェック表

① まずはテストの目標をたてよう。頑張ったら達成できそうなちょっと上のレベルを目指そう。
② 次にやることを書こう（「ズバリ英語〇ページ，数学〇ページ」など）。
③ やり終えたら□に✓を入れよう。
最初に完ぺきな計画をたてる必要はなく，まずは数日分の計画をつくって，
その後追加・修正していっても良いね。

目標

	日付	やること 1	やること 2
2週間前	／	□	□
	／	□	□
	／	□	□
	／	□	□
	／	□	□
	／	□	□
	／	□	□
1週間前	／	□	□
	／	□	□
	／	□	□
	／	□	□
	／	□	□
	／	□	□
	／	□	□
テスト期間	／	□	□
	／	□	□
	／	□	□
	／	□	□
	／	□	□

QRコードのページに登録すると，「ぴたリンク」からも表をダウンロードできるよ

テスト前 ☑ やることチェック表

① まずはテストの目標をたてよう。頑張ったら達成できそうなちょっと上のレベルを目指そう。
② 次にやることを書こう（「ズバリ英語○ページ，数学○ページ」など）。
③ やり終えたら□に✓を入れよう。
最初に完ぺきな計画をたてる必要はなく，まずは数日分の計画をつくって，
その後追加・修正していっても良いね。

目標

	日付	やること1	やること2
2週間前	／	□	□
	／	□	□
	／	□	□
	／	□	□
	／	□	□
	／	□	□
	／	□	□
1週間前	／	□	□
	／	□	□
	／	□	□
	／	□	□
	／	□	□
	／	□	□
	／	□	□
テスト期間	／	□	□
	／	□	□
	／	□	□
	／	□	□
	／	□	□

キリトリ線

QRコードのページに登録すると，「ぴたリンク」からも表をダウンロードできるよ